家庭装饰客厅实景

家庭装饰门厅实景

酒店一层大堂装饰设计效果图

酒店二层中式大餐厅装饰设计效果图

宾馆大堂装饰设计效果图

宾馆会议室装饰设计效果图

会务中心会议室装饰设计效果图

会务中心大厅装饰设计效果图

会务中心大餐厅装饰设计效果图

证券公司大厅装饰设计效果图

证券公司会议室装饰设计效果图

证券公司过道装饰设计效果图

装饰设计制图与识图

高祥生 编著

中国建筑工业出版社

图书在版编目(CIP)数据

装饰设计制图与识图/高祥生编著. —北京：中国建筑工业出版社，2002
ISBN 978-7-112-05118-2

Ⅰ. 装… Ⅱ. 高… Ⅲ. ①建筑设计-建筑制图②建筑装饰-建筑制图-识图法　Ⅳ. TU204

中国版本图书馆 CIP 数据核字(2002)第 038622 号

装饰设计制图与识图

高祥生　编著

*

中国建筑工业出版社出版、发行（北京西郊百万庄）
各地新华书店、建筑书店经销
廊坊市海涛印刷有限公司印刷

*

开本：787×1092 毫米　横 1/16　印张：13½　插页：4　字数：370 千字
2002 年 9 月第一版　2014 年 2 月第十一次印刷
定价：**26.00** 元
ISBN 978-7-112-05118-2
（10732）

版权所有　翻印必究
如有印装质量问题，可寄本社退换

（邮政编码　100037）

序

随着国民经济的发展，城市建设与建筑装饰已日益兴旺起来，尤其是公共建筑与家居的装饰更是如火如荼。虽然社会上的客观需要甚高，但是结果却不尽如人意，究其原因是装饰工程的市场比较混乱，并缺乏严格的标准与检验体制，加上有些装饰设计施工单位专业水平有限，以致造成了良莠不齐，甚至有时与原建筑设计意图相左。因鉴于此，高祥生君编著了《装饰设计制图与识图》一书，书中系统阐述了装饰工程的作用，装饰工程制图的基础知识，制图的要求，以及工程实例，内容丰富具体，简明实用，既可以给设计施工单位一个参照标准，也可为建设单位和业主有一种检验的依据。同时，对于施工人员来说，准确掌握装饰设计工程做法，保证设计施工质量也是有益的。

作者于1950年生，1977年毕业于原南京工学院建筑系，后又曾二度到南京艺术学院进修深造，兼得建筑设计与艺术修养，现任教于东南大学建筑系美术学科已有二十余载，尤其在建筑装潢方面颇有造诣。高君在任职期间，除教学之外，曾主持过大量装饰工程项目，积累了丰富的实践经验，并在此基础上，上升到理论上来加以规范与图式化，是理论与实践相结合的一种尝试，肯定对于今天的装饰设计与施工质量能够有所促进。

高祥生君一贯勤奋务实，在教学中对学生总是谆谆善诱，在事业上则孜孜以求，不断出版新著，他主编的著作有《国外现代建筑表现图技法》、《室内设计师手册》、《建筑环境更新设计》、《住宅室外环境设计》、《现代建筑楼梯设计精选》、《居室美·装潢篇》、《设计与估算》、《现代建筑入口、门头设计精选》、《现代建筑环境小品设计精选》、《现代建筑门窗设计精选》等十余本，发表论文有二十余篇，已在装饰领域产生了一定影响。目前这本新推出的力作《装饰设计制图与识图》也定能在装饰制图方面起到进一步规范化的导向作用。

刘先觉于东南大学
2002.5.1

前 言

近20年来,我在装饰设计的教学中发现不少学生虽然有较新颖的设计构思,但他们的制图方法有不少问题,以致不能正确地表达设计思想。由于工作需要,我也经常参加装饰设计方案的评审,在评审中我感到有许多单位的设计创意虽然很好,但图纸的表现不太规范,因此,他们的设计方案也难以中标。产生这种状况的原因,大概有几种:一是国内的装饰设计市场尚未完善,至今没有颁发装饰设计制图标准。二是《建筑设计制图标准》和《房屋建筑设计制图标准》虽然可以用为装饰设计制图的基础,但室内设计毕竟有它特定的表现语言。三是由于从事室内设计的人员广泛,他们在装饰设计中的制图方法各不相同。

鉴于以上情况,我试图为提高我国的装饰设计制图水平并帮助初学装饰设计的学生提高识图的能力做一些基础工作,从而编纂了《装饰设计制图与识图》一书。在《装饰设计制图与识图》中,我一方面将建筑设计制图中可以被装饰设计制图套用的原理、标准、方法编入本书。另一方面,对国内外装饰设计师达成共识的制图方法进行归纳、总结,也编入本书,力求形成一本较系统、完整的、适合我国国情的装饰工程制图与识图的教学用书。

制图是识图的基础,只有通晓制图知识,才能正确阅读图纸。因此本书先以叙述制图方法和标准,使读者获得正确的制图、识图知识后以介绍工程实例的方法进一步帮助读者提高识图的能力。

本书共三章。第一章为装饰设计制图与识图的基本知识,它包括装饰设计制图的有关标准;装饰设计制图的二维表达;装饰设计制图的三维表达三部分内容。第二章为装饰设计制图与识图的内容。在这一章叙述了装饰工程设计所需要的图纸内容,重点介绍了平面图、顶棚图、立面图和详图的画法及识图方法。第三章为装饰工程识图实例,在这一章分别介绍了8个工程的实例。其中方案设计的实例3个,施工图设计的实例5个,并附上与此相关的装饰设计效果图十余幅。本书在介绍装饰设计制图与识图内容时考虑到装饰设计专业的特点以及电脑制图与传统器具制图的区别,因此本书在编排上相应地减少了徒手制图的内容。它与以往出版的有关土木建筑设计制图与识图的书籍中的内容有较明显的区别。

本书以图例为主,辅以简明的文字说明,它可作为环境艺术专业、建筑学专业、工艺美术专业、家具专业的教学用书,也可作为装饰设计师的专业参考书。

本书的编写得到中国建筑工业出版社的支持。著名建筑理论家,东南大学建筑系刘先觉教授为本书写了序言,东南大学建筑系单踊教授、南京艺术学院环境系姚翔翔老师、南京深圳海外装饰工程公司总监刘越工程师等对本书的编写提出过宝贵意见。朱小萍、倪俊、沈小东、王成、万钟、郭峰桦等同志帮助绘制了部分插图,在此我深表衷心的感谢。

由于本人水平有很,书中肯定有不少疏漏和谬误之处,恳请广大读者批评、指正。

高祥生
2002年1月

目 录

绪 论

第一章 装饰设计制图与识图的基础知识

第一节 装饰设计制图的有关标准

一、图纸幅面及图框 ·········· 2
二、图线 ·········· 4
三、比例 ·········· 5
四、字体 ·········· 6
五、定位轴线 ·········· 6
六、剖切符号 ·········· 6
七、详图符号与索引符号 ·········· 8
八、引出线 ·········· 9
九、特殊符号 ·········· 11
十、尺寸标准 ·········· 11
十一、标高 ·········· 15
十二、装饰设计制图的常用图例 ·········· 15

第二节 装饰设计制图的二维表达

一、投影 ·········· 33
二、三视图 ·········· 34
三、剖视图 ·········· 35

第三节 装饰设计制图的三维表达

一、透视图的基本知识 ·········· 36
二、透视图的作图法 ·········· 37

第二章 装饰设计制图与识图的内容

第一节 装饰工程设计的内容及图纸要求

一、图纸的编排次序 ·········· 45
二、图纸目录 ·········· 45
三、设计说明书和施工说明书 ·········· 46

第二节 平面图

一、平面图的形成 ·········· 53
二、装饰平面图的作用和内容 ·········· 53

第三节 顶棚平面图

一、顶棚平面图的形成 ·········· 59
二、顶棚平面图的作用和内容 ·········· 59

第四节 立面图

一、装饰立面图的形成 ·········· 63
二、装饰立面图的作用和内容 ·········· 64

第五节　详图

一、详图的形成 …………………………………… 70
二、详图的作用和内容 …………………………… 70

第三章　装饰工程识图实例

一、宾馆装饰设计方案图 ………………………… 74
二、会务中心装饰设计方案图 …………………… 82
三、证券公司装饰设计方案图 …………………… 89
四、别墅式公寓装饰设计施工图 ………………… 102
五、家庭装饰设计施工图 ………………………… 113
六、餐饮娱乐建筑装饰设计施工图 ……………… 120
七、商厦室内装饰设计施工图 …………………… 140
八、行政办公楼装饰设计施工图 ………………… 183

主要参考文献 ……………………………………… 209

绪　论

装饰设计图纸是装饰设计师表达设计思想的语言，它在装饰设计中是交流、确定技术问题的最重要的文件资料。

学会正确地绘制、阅读装饰设计图是一切学习和从事装饰设计的人员必须认真掌握的知识和技能。

在我国，装饰工程设计作为一门独立性的学科形成较晚，因此各种标准，包括装饰设计的制图标准至今没有确定。目前我国的装饰设计的制图方法大部分是套用《房屋建筑工程制图统一标准》（GB/T50001-2001）和《建筑制图标准》（GB/T50103-2001）。同时，我国香港、台湾地区以及美国、日本等国家的装饰设计制图的方法也影响着我国的装饰设计制图方法。

建筑设计制图与装饰设计制图的基本原理是一致的，也可以说建筑制图是装饰设计制图的基础。因此学习装饰设计制图与识图仍然需要学习建筑制图中的投影的原理、制图的基本方法、透视图的画法以及图线、图框、图比、图例的运用等等。并将这些原理、方法和标准运用到装饰设计制图中。建立这种观念，并已按这种观念去学习，可以打好装饰工程制图与识图的基础。

然而装饰设计作为建筑设计的延续和再创作，它在表现内容和方法上都有自身的特点。因此，目前的土木建筑制图标准无法涵盖装饰设计需要表现的全部内容。概括地讲，建筑设计图纸主要表现建筑建造中所需的技术内容，而装饰设计图纸则主要表现建筑建造完成后的室内环境所需要进一步完善、改造的技术内容。了解这种区别对于提高装饰工程制图与识图水平是很有必要的。

综上所述，装饰工程制图与识图的原理、方法、标准可以在引用土木建筑制图标准的基础上，根据自身的特点，总结近几十年来我国在装饰设计制图中的实践经验，并吸收国外及港台地区装饰设计制图中的有益方法，而形成适合我国的装饰工程制图标准和识图规范。

第一章 装饰设计制图与识图的基础知识

第一节 装饰设计制图的有关标准

一、图纸幅面及图框

图纸的幅面是指图纸的尺寸大小，图框是指界定图纸内容的线框。建筑设计制图中确定的幅面与图框尺寸，适用于装饰设计制图，通常运用以下几种（见表1-1）。

幅面及图框尺寸（mm）　　　　　　　　　　　　　　　　　　　　表1-1

尺寸代号 \ 幅面代号	A0	A1	A2	A3	A4
$b \times l$	841×1189	594×841	420×594	297×420	210×297
a	25				
c	10			5	

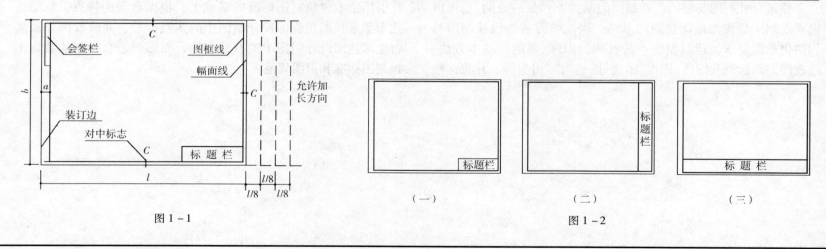

图1-1

图1-2

对于一些特殊的图例,可适当加长图纸的幅度,但仅限于图纸的长边,加长部分的尺寸应为长边的1/8及其倍数,如图1-1所示。图框的放置方式,对A0~A3图纸中以使用横式较为常见,但也可使用立式,具体情况,可依据图例详情选择。

装饰设计中标题栏的内容应包括:设计单位名称、工程名称、图纸内容、工程负责人、设计、制图、审核、核对、项目编号、图号、比例、日期等。另外有些标题栏中还加入设计单位的版权声明。作为施工图纸必须加盖图签章。在以往的建筑设计制图规范中,标题栏一般位于图框的右下角,如图1-1所示。而装饰设计制图中,标题栏的放置位置目前主要有以下三种:(1)在图框右下角;(2)在图框的右侧并竖排标题栏内容;(3)在图框的下部并横排标题栏内容,如图1-2所示。标题栏也可简称为图标,图标通常分为大图标和小图标。以下两例是放置在图纸右下角的大小图标,如表1-2所示。

1. 大图标一般用于0、1及2号图纸上。图标尺寸通常为180×50、180×60、180×70(单位:mm)。

图纸标题栏——大图标　　　　　　　　　　　　　　　　　　　　　　表1-2.1

设计单位名称		工作内容	姓　名	签字月日
工程总称				
项　目				
图纸名称		设计号		
		图　别		
		图　号		
		日　期		

2. 小图标一般用于2、3及4号图纸上。图标尺寸通常为85×30、85×40、85×50(单位:mm)。

图纸标题栏——小图标　　　　　　　　　　　　　　　　　　　　　　表1-2.2

图纸名称		设计单位名称			
工程总称		设　计		图　别	
项　目		绘　图		图　号	
		校　对		比　例	
		审　核		日　期	

3. 会签栏是供签字用的表格，放在图纸左面图框线外的上端（如图1-1所示）。图标尺寸为75×20，见表1-3。

会 签 栏　　　　　　　　　　表1-3

专　业	姓　名	日　期

二、图线

每个图样，应根据复杂程度与比例大小，先确定基本线宽b，线宽b通常为：0.18、0.25、0.35、0.5、0.7、1.0、1.4、2.0mm。在制图过程中，线型和线宽的选用可参见表1-4。

表1-4

名　称	线　型	线　宽	适　用　范　围
标准实线	———————	b	立面轮廓线，表格的外框线等
细实线	———————	$0.35b$或稍细	内部填充物（如地板、地砖等）、表格中的分格线等
中实线	———————	$b/2$	家具、门窗、尺寸线及引出线、可见轮廓剖面中的次要线条
粗实线	———————	b或更粗	平、剖面图中被剖切的主要建筑构造的轮廓线，装修构造详图中被剖切的主要部分的轮廓线。即：墙体线，剖面图轮廓线，剖面剖切线，图框线等
折断线	———∧———	$0.35b$或稍细	长距离图面断开线
点划线	— · — · —	$0.35b$或稍细	中心线、定位轴线、对称线
中虚线	- - - - - -	$b/2$	需要画出的被遮挡部分的轮廓线
细虚线	- - - - - -	$0.35b$或稍细	不可见轮廓线

注：1. 图线要避免与文字、数字或符号重叠、混淆，索引文字部分通常放置在图线的上部及边侧；
　　2. 对于相互平行的图线，其间隙不宜小于其中的粗线的宽度；
　　3. 虚线、点划线的线段长度和间隔，宜各自相等；
　　4. 当在较小图形中绘制点划线有困难，可用实线代替；
　　5. 点划线与点划线交接或点划线与其他图线交接和虚线与虚线交接或虚线与其他图线交接时，都应是线段交接，虚线为实线的延长线时，不得与实线连接。

以前，工程图纸都用绘图器具手工绘制，线条的粗细等级由绘图笔来控制。而现在的装饰工程设计制图普遍采用电脑绘制，各个设计单位都有自己的作图习惯与方法。在线型的设置、字体的选择等方面各有所不同，以下列举某设计单位出图时对线型等级等所做的设定。

例：

图层颜色	笔 宽	笔 号	图层颜色	笔 宽	笔 号
1（红）	0.50（0.25）	7（黑）	6（品红）	0.25（0.13）	7（黑）
2（黄）	0.70（0.35）	7（黑）	7（白）	0.25（0.13）	7（黑）
3（绿）	0.15（0.08）	7（黑）	8（深灰）	0.15（0.08）	7（黑）
4（湖蓝）	0.35（0.18）	7（黑）	9（浅灰）	0.20（0.10）	9（浅灰）
5（群青）	0.15（0.08）	7（黑）	9（浅灰）	0.15（0.08）	7（黑）

注：器具绘图中的线型设置同样适于电脑绘图的线型设置。

三、比例

图纸上绘制的图像一般是实体按比例缩小后的图像。图样的比例，应为图形与实物相对应的尺寸之比。比例应以阿拉伯数字表示，标注位置可在图名的右侧或底线下部，底线可为单道或双道（上一道为粗实线，下一道为细实线）。

比例的字高应比图名的字高小一号或二号。常用的比例标注方法如图1-3所示。

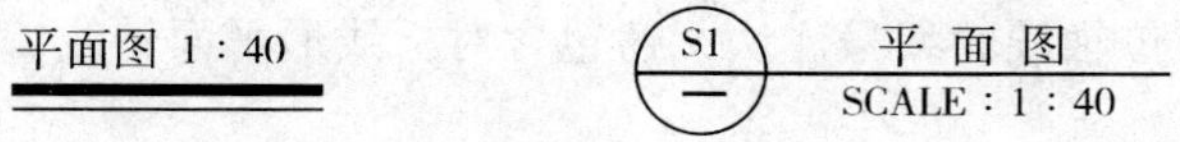

平面图 1:40   (S1) 平面图
                    ─   SCALE:1:40
         图1-3

建筑设计、规划设计的图比可确定为1:200以上，而装饰设计的图比大多数都在1:200以下。参见表1-5。

装饰设计常用图比　　　　　　　表1-5

常用比例	1:1	1:2	1:5	1:10	1:20	1:50	1:100	1:200
可用比例	1:3	1:15	1:25	1:30	1:40	1:60	1:150	

在一套图中，图幅的比例应尽量统一，且种类以少为好。在装饰设计中1∶1至1∶20的图比，一般用于节点大样中；1∶10至1∶50的图比，一般用在立面图中；1∶50至1∶100的图比，一般用在平面图和顶棚图中；1∶100以上的图比，一般用于较大平面图或索引图中。

四、字体

无论在建筑设计制图还是在装饰设计制图中，图纸上所要书写的文字、数字或符号等，均应笔画清晰、字体端正、排列整齐、标点符号清楚、正确。过去用器具绘图，图纸上的文字、数字或符号等，通常用黑墨水书写。图中汉字大多用长仿宋体，长仿宋体的笔画粗度约为高的1/20。现在绝大多数设计都用电脑制图，制图中可选用不同软件中的字体，但基本要求仍然与器具制图一样，其目的都要达到图面工整、美观。

在图纸中，表示数量的数字，应用阿拉伯数字书写，图样中出现的数字及字母的字号要比图样的详细标注文字小一号，图纸中图样的详细标注文字无论在字号的大小、字体上都应区别于图名的标注文字。图名的字体通常使用黑体或仿宋体等，字号要大于图样的详细标注文字。表示分数时，不得将数字与文字混合。详见本书第二章中，图2-3所示。

五、定位轴线

定位轴线用细点划线绘制，定位轴线编号的圆圈用细实线绘制，定位轴线圆的圆心，应在定位轴线的延长线上或延长线的折线上。轴线编号通常放在平面图和顶棚图的下方或右侧，图形需要时，上下左右均可标注轴线编号。水平方向的定位轴线的编号采用阿拉伯数字，由左向右编写。垂直方向则采用拉丁字母，由下向上注写，其中I、O、Z三个字母不得使用，以免与数字产生混淆。若字母数量不够使用，可增用双字母或单字母加数字注脚。

如图1-4中，不仅包含一般平面的定位轴线的编号注法，还包含对折线形平面轴线编号的注法。

六、剖切符号

剖切符号分为用于剖面或断面两种，剖面剖切符号由剖切位置线与剖视方向线组成，以粗实线绘制。剖切位置线长6~10mm，剖视方向线长4~6mm（剖切位置线大于剖视方向线）。在图中，剖面剖切符号不宜与图面上的图线相接触。剖切符号中的编号，应用阿拉伯数字注写在剖视方向线的端部。按从左至右、由上至下的顺序编排。断面剖切符号除与剖面剖切符号有一定的共性外，它还只用剖切位置线表示，它的编号应注写在剖切位置线的一侧，编号所在的一侧为该断面的剖视方向，如图1-5所示。

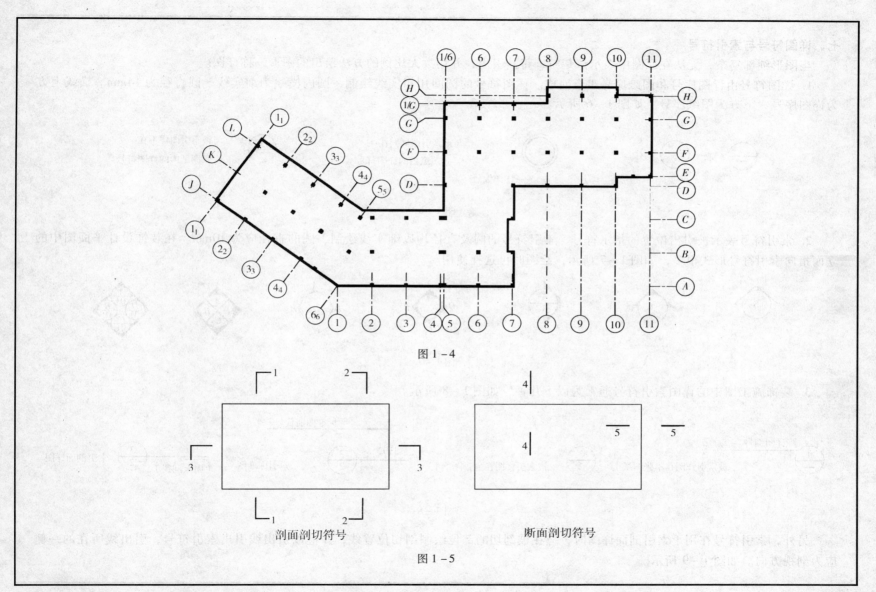

图 1-4

剖面剖切符号

断面剖切符号

图 1-5

七、详图符号与索引符号

当图形细部复杂，无法在原图中表示清楚时，将其引出，并用放大比例的方法绘出的图形，称详图。

1. 详图符号由详图序号和图纸序号组合而成。详图符号的圆圈用粗实线绘制，圆内横线为细实线，圆直径为14mm。横线上方为详图序号，下方为图纸序号。如图1-6所示。

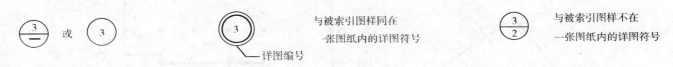

图1-6

2. 索引符号表示被引出位置的指示符号。索引符号的圆及直径均以细实线绘制，圆的直径应为10mm。在装饰设计平面图中的立面指向索引符号形式很多，如图1-7所示，绘图时可选择使用。

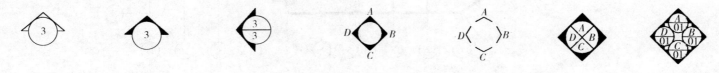

图1-7

3. 装饰施工图中的详图索引符号通常为以下几种，如图1-8所示。

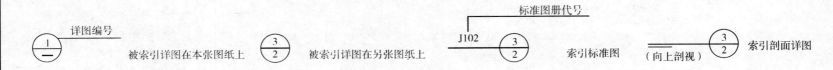

图1-8

另外，索引符号在用于索引剖面详图时，应在被剖切的部位绘制剖切位置线，并应以引出线引出索引符号，引出线所在的一侧应为剖视方向。如图1-9所示。

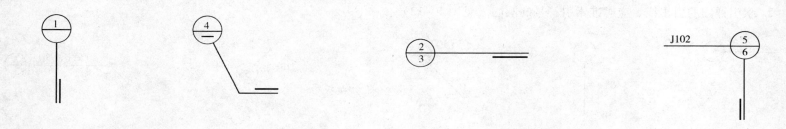

图 1-9

4. 指北针，用细实线绘制。指北针的画法多种多样，在装饰设计制图中常用到的有以下几种，如图 1-10 所示。

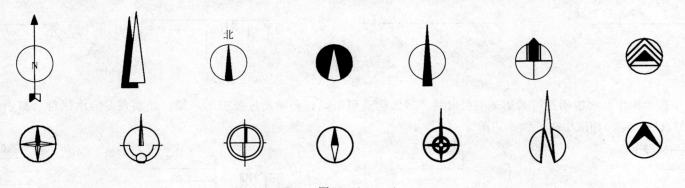

图 1-10

八、引出线

1. 引出线应以细实线绘制，宜采用水平方向的直线，或与水平方向成 30°、45°、60°、90°直线，或经上述角度再折为水平线。文字说明宜注写在横线的上方、上下方或横线的端部（见图 1-11）。

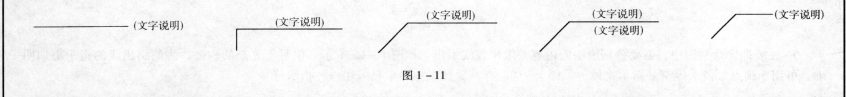

图 1-11

2. 索引详图的引出线，应对准索引符号的圆心（见图1-12）。

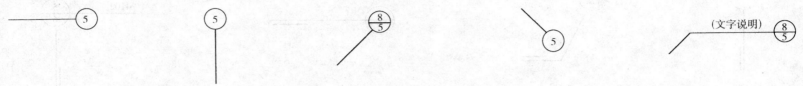

图1-12

3. 引出线同时索引几个相同部分时，可互相平行，也可画成集中于一点的放射线（见图1-13）。

图1-13

4. 对于剖面图中的多层构造可采用集中引出线。多层构造引出线，必须通过被引的各层，并须在方向上保持与被引各层垂直。文字说明的次序，应与构造层次一致。如图1-14所示。

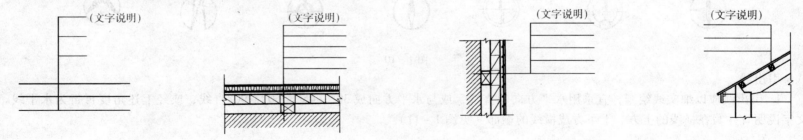

图1-14

5. 在装饰设计制图中，需要分别说明的内容一般用直线引出，如图1-15所示。但对于复杂的构造，为使引出线的指示更加明确，可用小圆点、箭头等符号指示物体，见图1-16。在一套图纸中通常只采用一种指示符号。

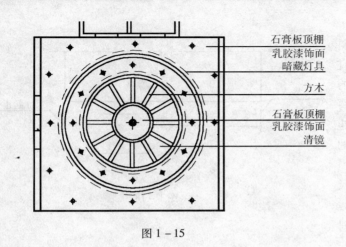

图 1-15

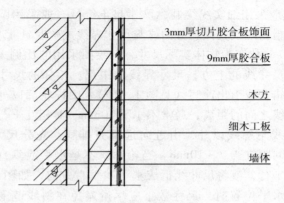

图 1-16

九、特殊符号

建筑设计制图中,对称符号与连接符号的表达方式同样适用于装饰设计制图。对称符号用细线绘制,平行线的长度宜为 6～10mm,平行线的间距宜为 2～3mm,平行线在对称线两侧的长度应相等。连接符号应以折断线表示需连接的部位,应以折断线两端靠图样一侧的大写拉丁字母表示连接编号。两个被连接的图样,必须用相同的字母编号(见图 1-17)。

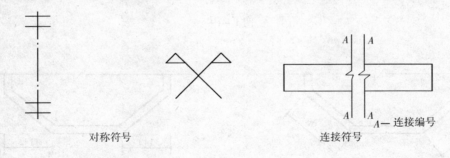

图 1-17

十、尺寸标注

尺寸是图纸的一个重要组成部分,它是说明工程技术问题的重要依据。在图纸中,尺寸的标注包括:尺寸界线、尺寸线、尺寸起止符号及尺寸数字四部分内容（见图1-18）。

1. 尺寸线应采用细实线绘制，尺寸起止符号一般采用圆点或中粗斜短线绘制，中粗斜短线其倾斜方向应与尺寸界线成顺时针45°角，长度宜为2～3mm。尺寸数字为物体实际尺寸，与绘图采用的比例无关。尺寸的数字宜注写在尺寸线的上方，尺寸界线的中部。相邻的尺寸数字如注写位置不够，可错开或引出注写（见图1-19）。图样轮廓以外的尺寸线距图样最外轮廓线之间的距离，通常不小于10mm。对相互平行的尺寸线的排列。宜在图线轮廓线以外，由近向远整齐排列，先分尺寸后总尺寸。两平行尺寸线间距宜为7～10mm。当轮廓线不是水平或垂直时，可将尺寸线与轮廓线平行，或将尺寸线折成水平和垂直方向，如图1-20所示。在尺寸线不是水平位置时，尺寸数字应尽量避免在斜线范围内注写。对于一些曲线图形的尺寸线，可用尺寸网格表示，如图1-21所示。

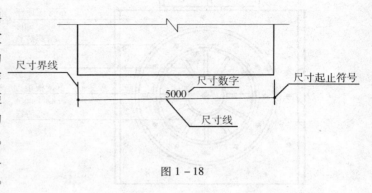

图1-18

图1-19

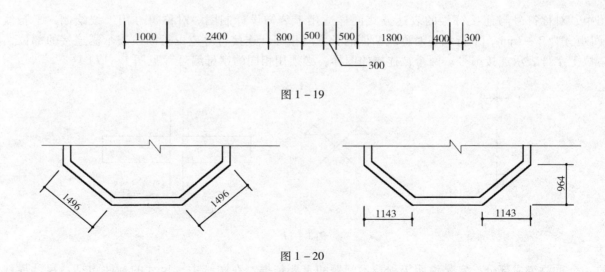

图1-20

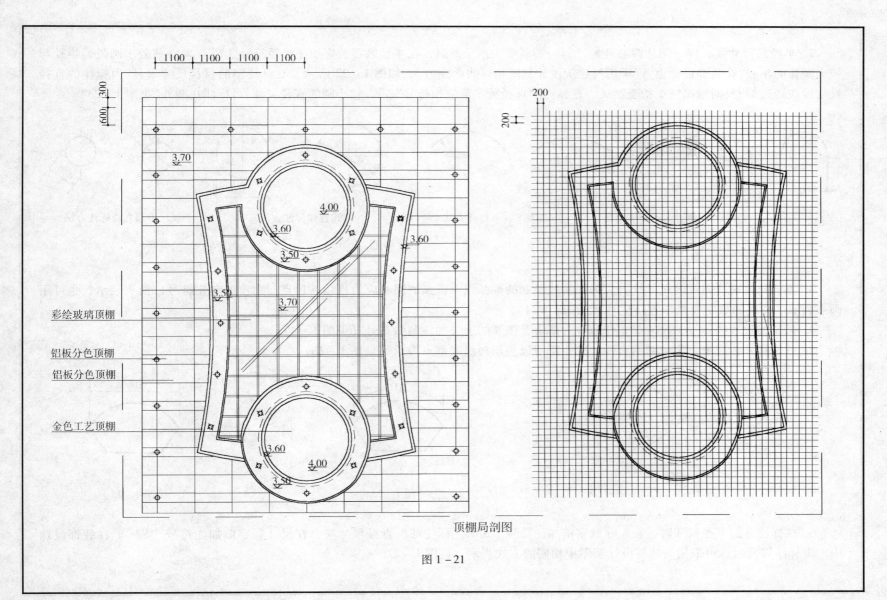

顶棚局剖图

图1-21

2. 半径的尺寸线，应一端从圆心开始，另一端画箭头指至圆弧，在半径数字前应加注半径符号"R"。对一些较小圆弧的半径与较大圆弧的半径，在装饰设计中，可采用与建筑设计制图相同的标注方法，如图1-22所示。在标注圆的直径尺寸时，圆内标注的直径尺寸线应通过圆心，两端画箭头指至圆弧。在标注的直径数字前应加符号"φ"。较小圆的直径尺寸，可标注在圆外（见图1-23）。

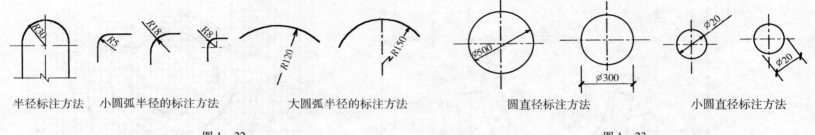

半径标注方法　小圆弧半径的标注方法　　大圆弧半径的标注方法　　圆直径标注方法　　小圆直径标注方法

图1-22　　　　　　　　　　　　　　　　　　　　　　　图1-23

3. 标注角度时，角度的尺寸线，应为细实线绘制的圆弧线，圆弧的圆心应为该角的顶点，角度的起止符号以箭头表示，也可用圆点表示。角度的数字应水平方向注写（见图1-24）。

4. 弧长的尺寸线标注，尺寸起止符号应为箭头，弧长的上方加注圆弧符号（见图1-25）。

5. 弦长尺寸线应平行于该弦的直线，起止符号以粗斜短线或圆点表示（见图1-26）。

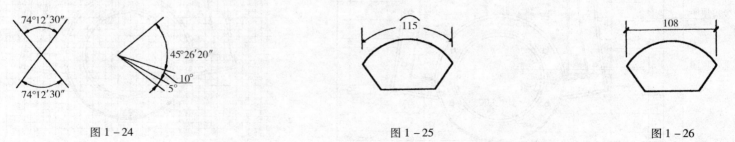

图1-24　　　　　　　　　　　图1-25　　　　　　　　图1-26

6. 在标注球的半径尺寸时，在尺寸数字前加注符号"SR"。标注球的直径尺寸时，在尺寸数字前加注符号"Sφ"。在装饰设计中。需标注坡度时，可采用与建筑设计制图中相同的方式表示，见图1-27。

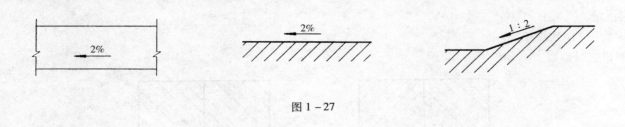

图 1-27

十一、标高

在装饰设计制图中标高符号一般采用等腰三角形,也可用其他方法表示,见图 1-28。在标高符号的绘制上都应采用细实线,在装饰设计中的标高数字以米为单位,标高数字大多注写到小数点以后第二位。零点标高注写成 ±0.00,正数标高不注"+",负数标高应注"-"。在建筑设计中,建筑标高通常取底层室内地坪高度 ±0.00,而装饰设计中的标高,通常取每层室内装饰地坪为 ±0.00。表示几个不同高度时的标高注法,见图 1-29。

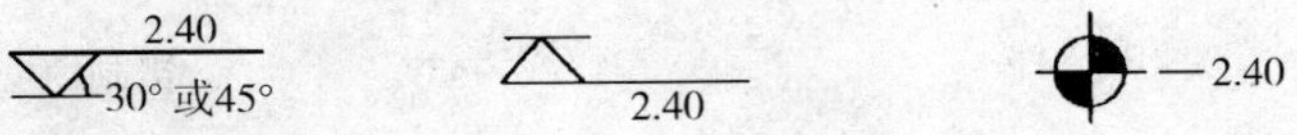

图 1-28 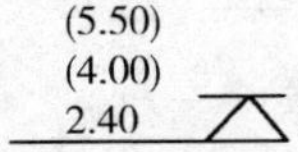　　　　　　　　　　　　图 1-29

十二、装饰设计制图的常用图例

建筑设计制图标准中现有的图例大多都可以在装饰设计制图中使用,但它不能包含装饰设计中所有材料的图例,因此装饰设计中所用图例要多于建筑设计。装饰设计中通常需要水、电、空调等设备专业的配套,因此装饰设计中经常接触到有关设备的图例。在使用制图图例时,应遵循以下几点规定:

(1) 图例线一般用细线表示,线型间隔要匀称、疏密适度。
(2) 在图例中表达同类材料的不同品种时,应在图中附加必要说明。
(3) 若因图形小,无法用图例表达,可采用其他方式说明。
(4) 需要自编图例时,编制的方法可按已设定的比例,以简化的方式画出所示实物的轮廓线或剖面,必要时辅以文字说明,以避免与其他图例混淆。

装饰制图中常用图例列举如下：

1. 相同图例相接时画法

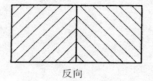 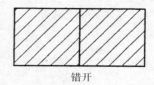

反向　　　　　　　　　　　错开

2. 表示空间、物体的字母

L	客厅	Ba	浴室	SD	不锈钢制门
D	餐厅	ELV	电梯	SDW	不锈钢制落地门窗
K	厨房	E.S	电扶梯	AW	铝制窗
BRm	寝室	SW	不锈钢制窗	AD	铝制门
WD	木制门	ADW	铝制落地门窗	WW	木制窗

②/AW　门窗号

3. 建筑和装饰图例

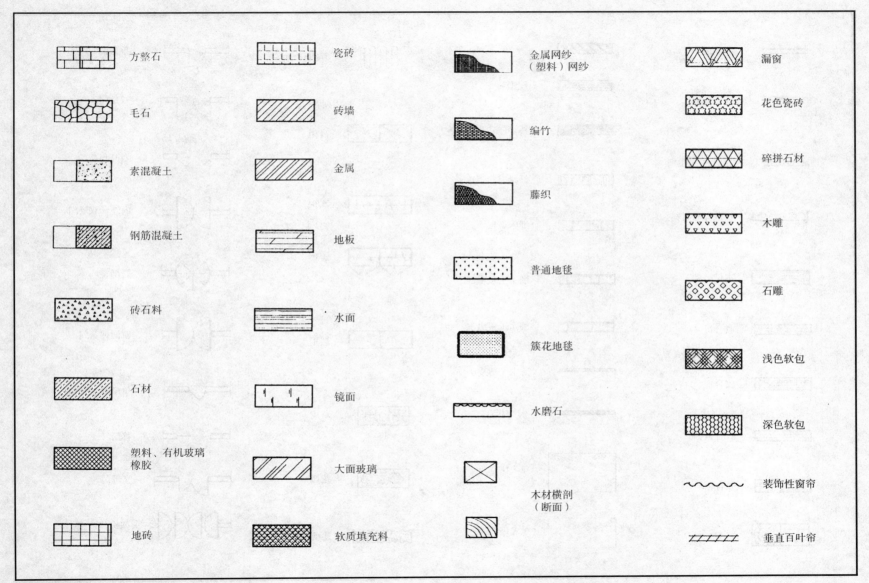

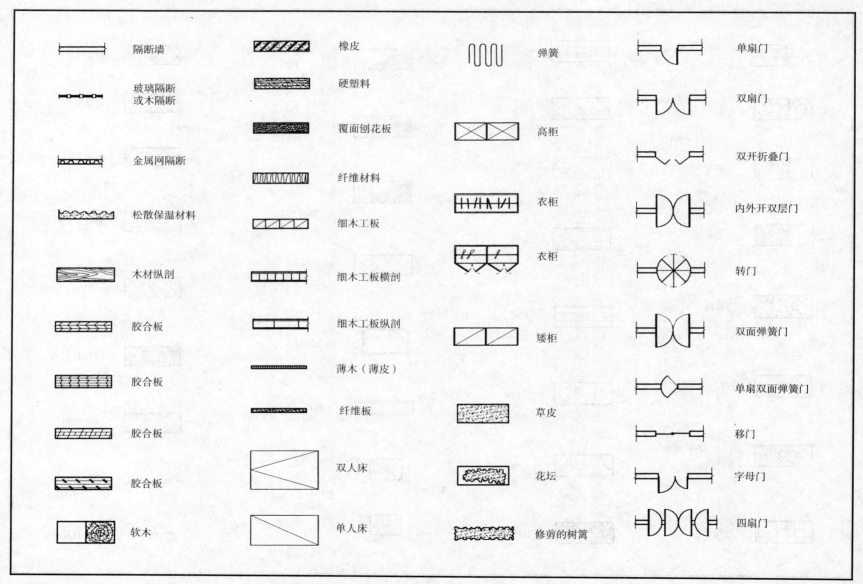

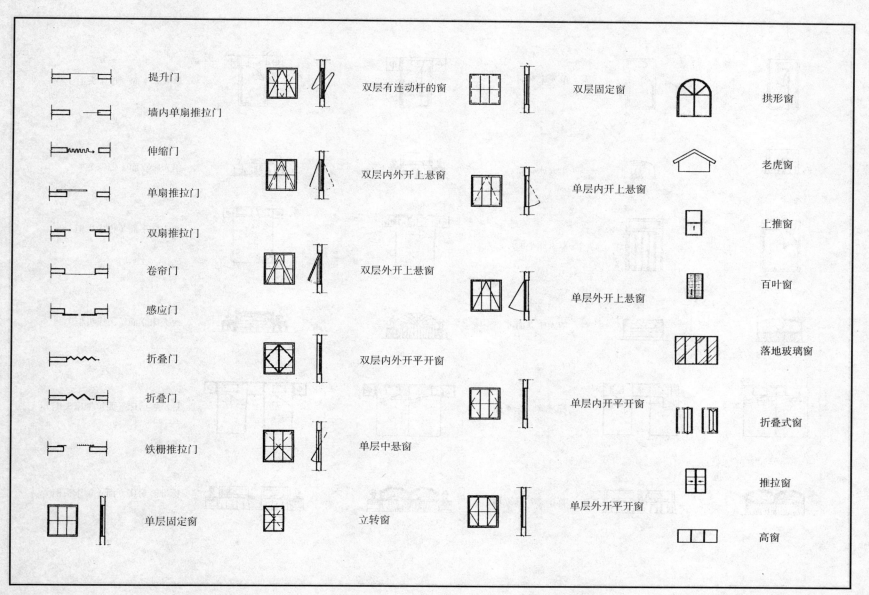

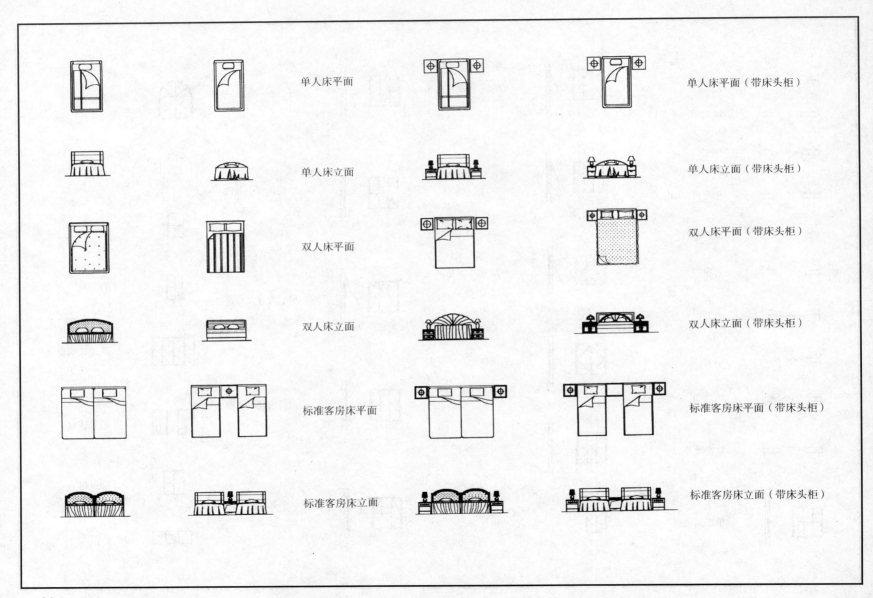

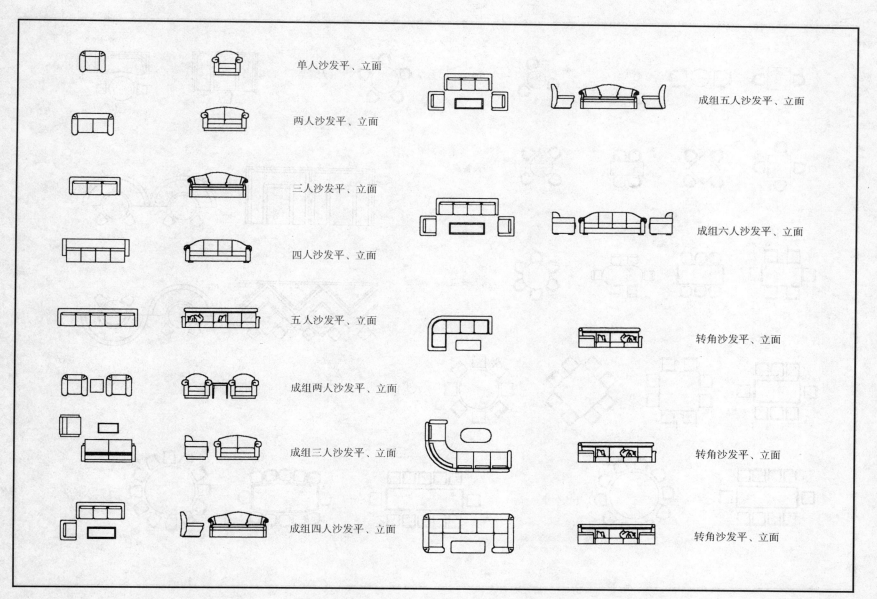

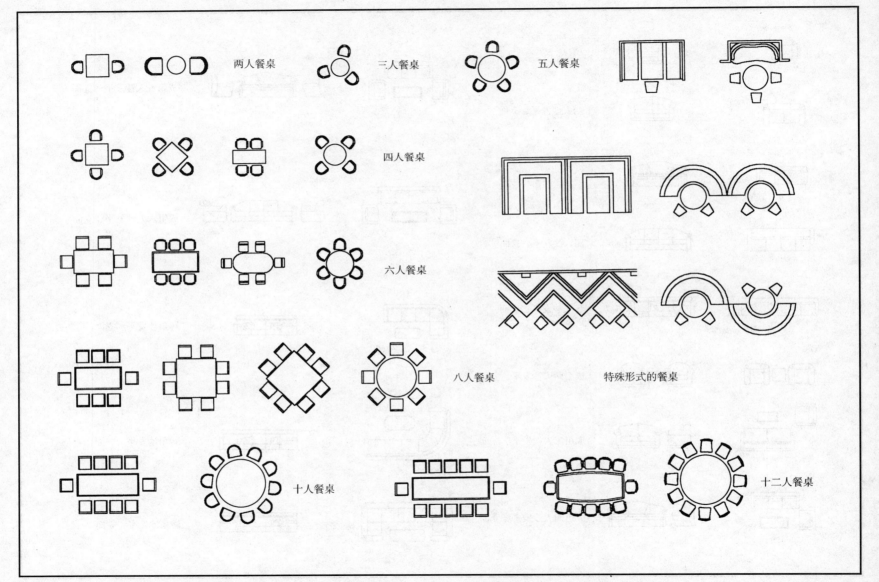

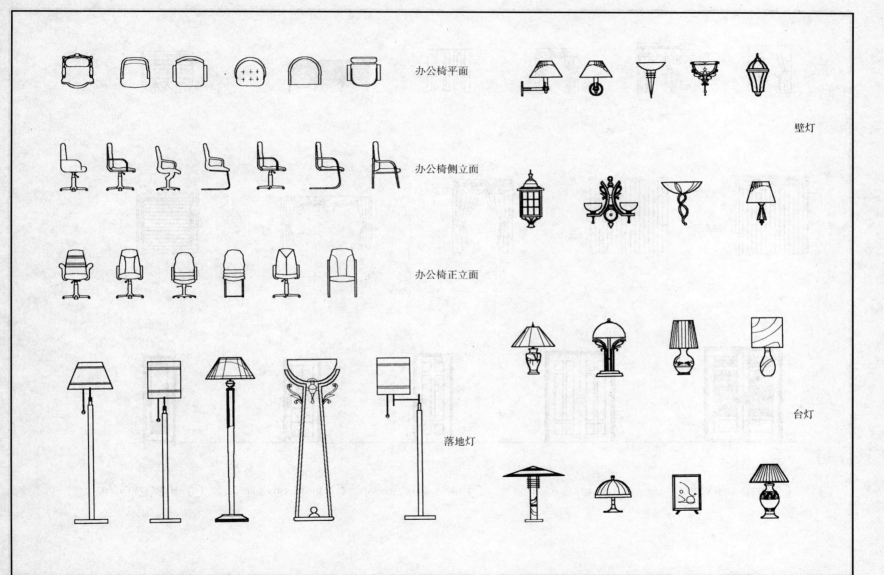

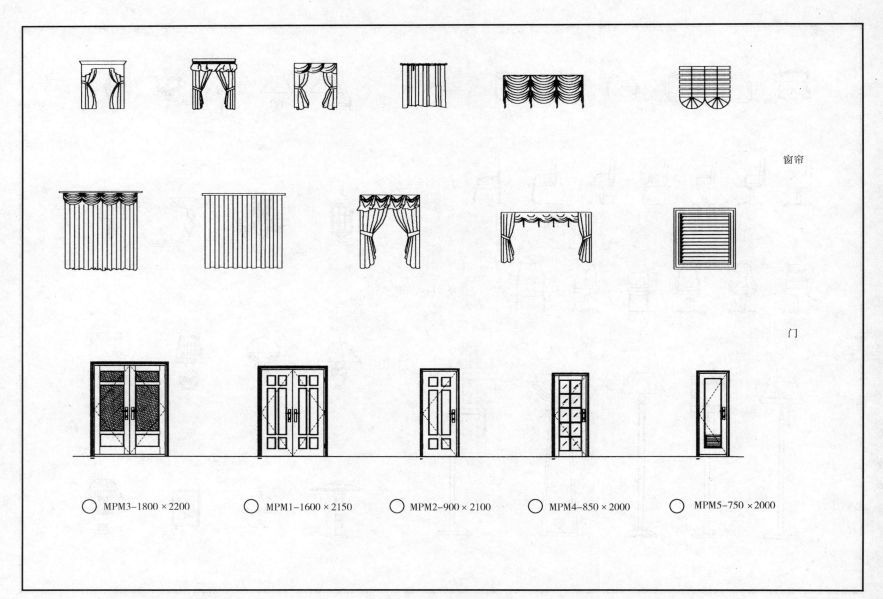

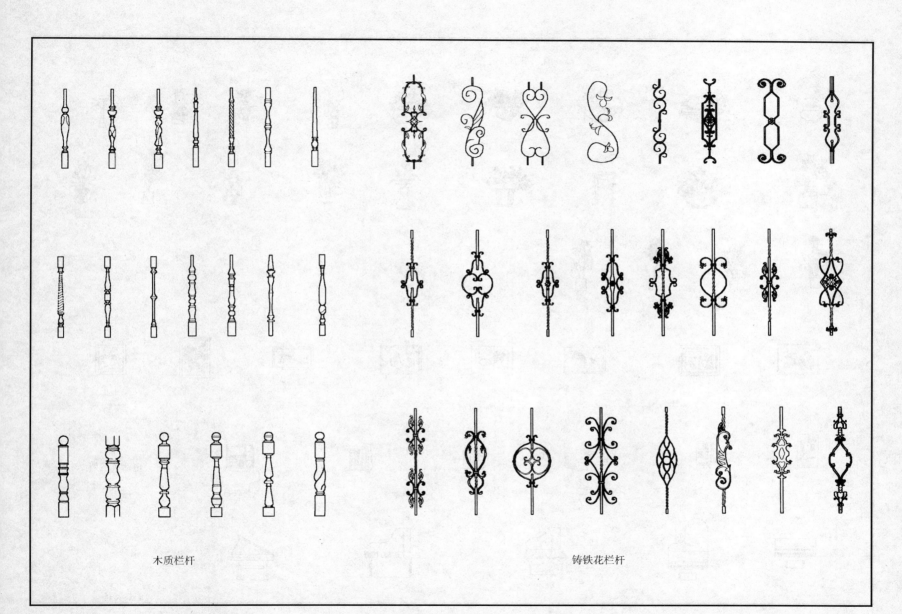

木质栏杆　　　　　　　　　　　　　　　铸铁花栏杆

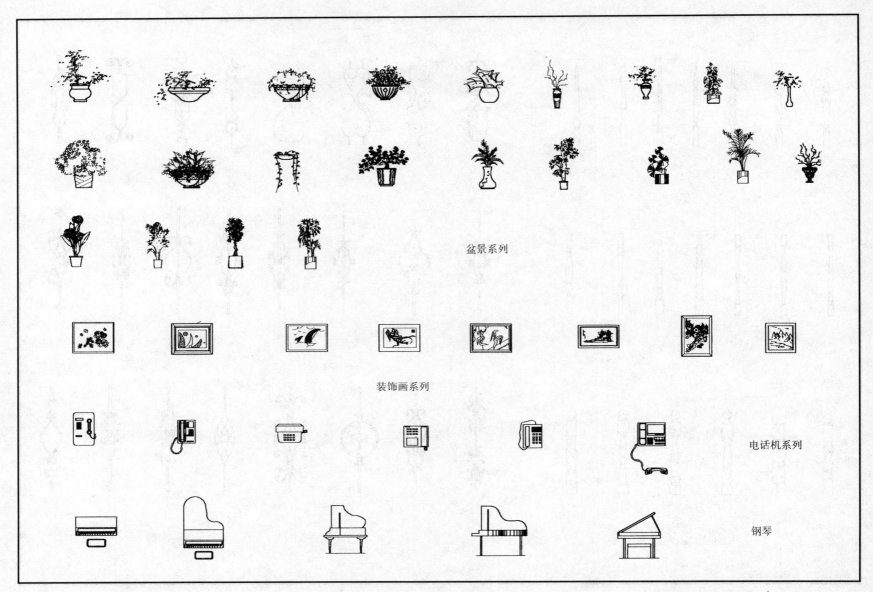

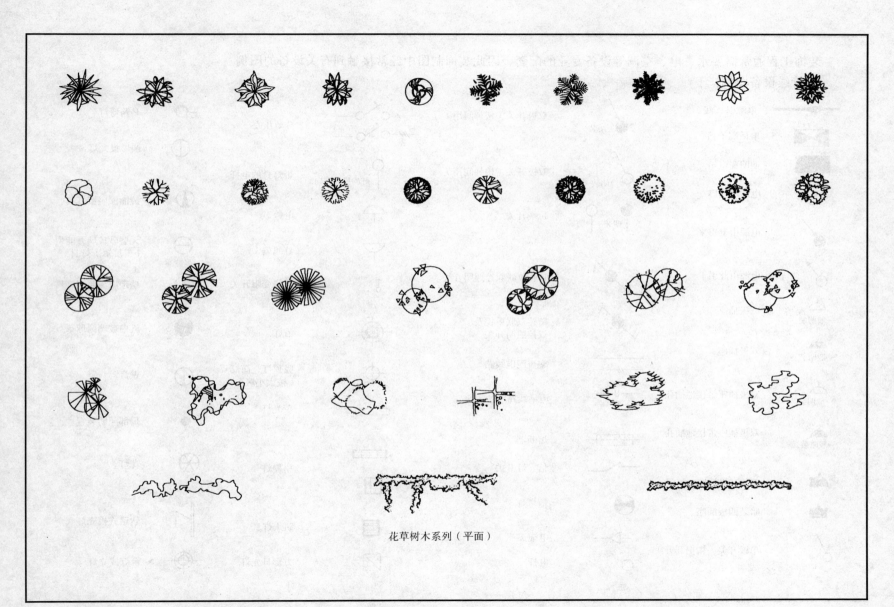

花草树木系列（平面）

装饰工程通常需要水、电、空调等设备专业的配套，因此装饰制图中经常接触到有关设备的图例。

4. 管线设备图例

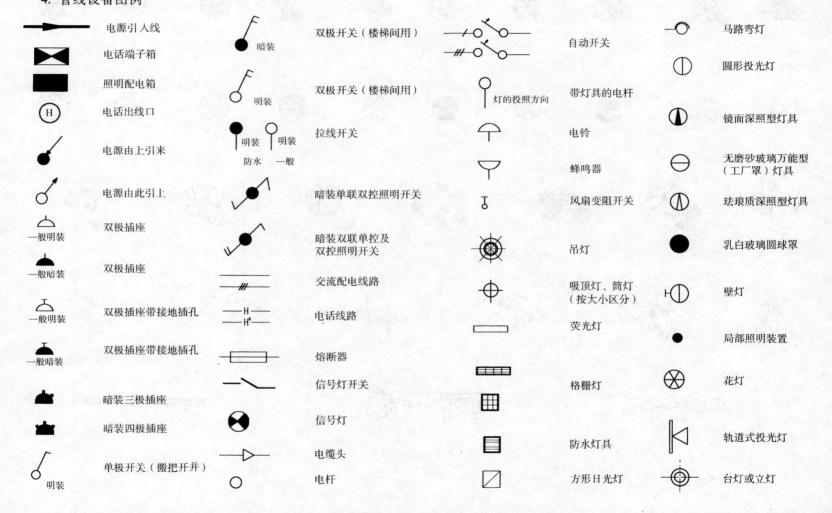

符号	名称	符号	名称	符号	名称	符号	名称
	日光灯盘		顶棚灯		台式风扇		共电式电话交换机
	日光灯槽		搪瓷伞形罩（铁盆罩）		吊式风扇		辐射式调度电话总机
	牛眼灯		220V插座		键入或半镶入式盒灯		声柱
	水底灯		扩音喇叭		有线广播站		火警信号报警器
	隔爆灯		电话		方形风口		双面子钟
	马路弯灯		分线箱		方形风口		单面子钟
	泛光灯		电话机		圆形风口		电话分线盒
	广照型灯（配照型灯）		辐射式调度电话机		侧向风口		母钟站
	局部照明灯		自动式电话机		条形风口		母钟分站
	矿山灯		声环				
	安全灯		电话交换机或总机		自动式电话交换机		传声器（送话器）

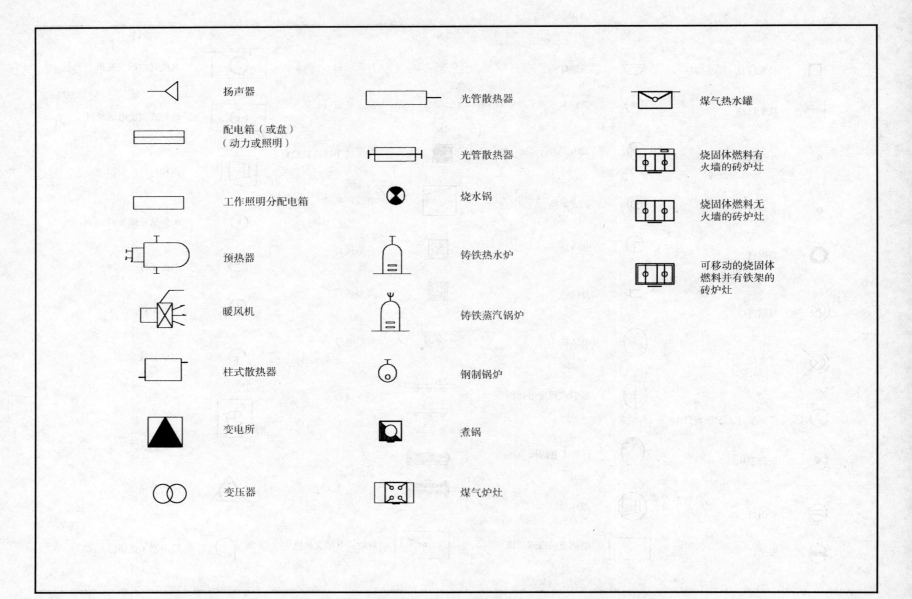

5. 给水、排水设备图例

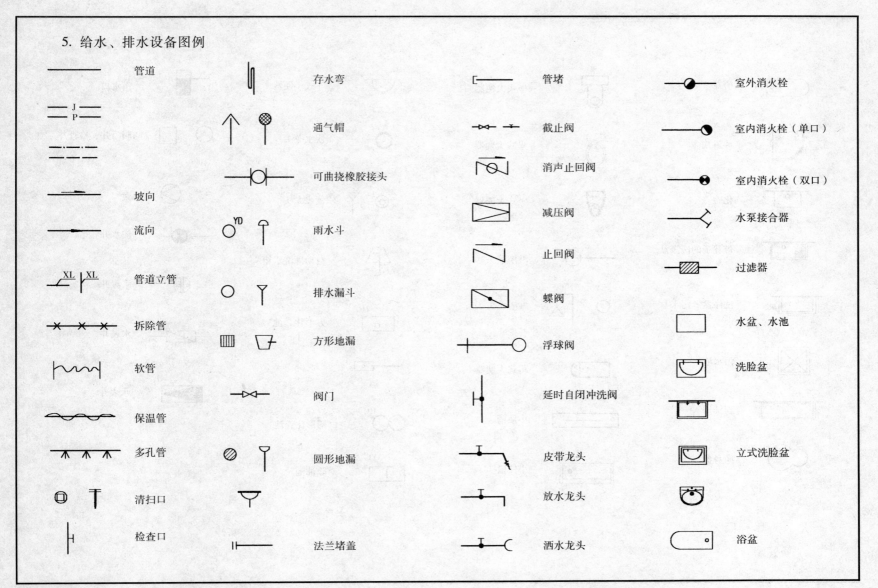

第二节　装饰设计制图的二维表达

立体图能直观地反映物体的形态，但它不能表现物体的各个面的大小，更不便于标注尺寸，因此不能满足工程施工的要求。在设计制图中，通常采用正投影原理的绘图方法，也就是将物体的图像通过二维的形式表达，装饰设计制图也不例外。

一、投影

所谓投影，是指透过一透明平面来看物体，并将物体在透明平面上描绘下来的方法。

投影法可分为中心投影法和平行投影法两种类型，见图 1–30。

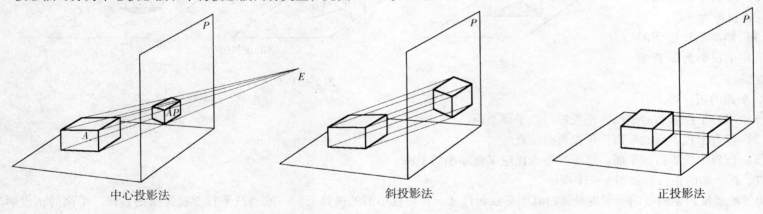

中心投影法　　　　　　　　　斜投影法　　　　　　　　　正投影法

图 1–30

中心投影法是指投影线都经过投影中心的投影方法。假设人眼 E 为视点（或投形中心），透明平面 P 为画面（或投影面），从 E 点透过透明平面 P 看物体上一点 A，EA 为视线（或投影线），EA 和 P 面的交点 AP，为物体上 A 点在 P 面上的投影。用这种方法可将物体上许多点都投到投影面上，从而可在 P 面上绘出物体的形象。这就是中心投影法的典型。中心投影法常用于绘制透视图。

平行投影法是将视点假设在无限远处，则靠近形体的投影线，就可以看作是一组平行的投影线，由互相平行的投影线在投影面作出形体投影的方法，叫做平行投影法。根据投影线是否垂直于投影面，平行投影法又可分为斜投影法和正投影法。斜投影法主要用来绘轴测图，正投影法是工程投影的主要表示方法。以正投影法绘制的图样，能确切地反映所画形体对应面的几何形状，以便于尺寸的度量,从而满足生产技术上的要求。

1. 点的正投影

点的正投影仍是点。

2. 直线的正投影

(1) 平行于投影面的直线,正投影为直线,与原直线平行等长。

(2) 垂直于投影面的直线,正投影为一点。

(3) 倾斜于投影面的直线,其正投影为原长缩短的直线。

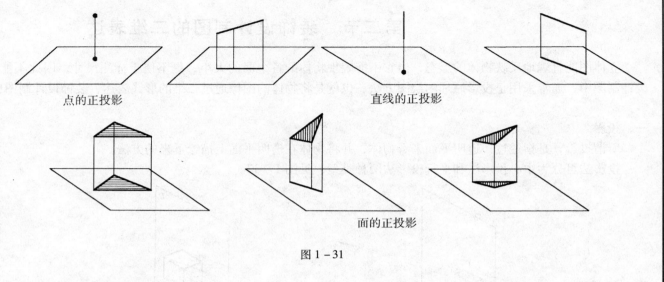

图 1-31

3. 平面的正投影

(1) 平行于投影面的平面,正投影与原平面全同。

(2) 垂直于投影面的平面,正投影为一直线。

(3) 倾斜于投影面的平面,其正投影为比原平面缩小的平面。

点、线、面的正投影如图 1-31 所示。

为了准确反映室内空间、室内设施的真实形状和尺寸,在正投影面的选择上,一般遵循平行于投影面的直线、平面的正投影与原直线、平面全同的基本原理。

二、三视图

一个正投影面只能表现物体一个面的真实形状和尺寸,若要表现物体全部形状和尺寸,必须选择几个正投影面。通过以三个相互垂直的投影面来反映一个物体的形状及大小,在三个相互垂直的投影面上所绘出的该物体的三个正投影图,称为三视图。即将物体放置在观察者与相应的投影面之间进行投影,正立在观察者对面的投影面为正立投影面,其视图反映该物体的长和高,称为正视图;水平放置的投影面,其视图反映该物体的长和宽,称为水平视图;右侧的投形面为侧立投影面,其视图反映该物体的宽与高,称为侧视图。

通常所说的三视图包括正视图、侧视图和水平视图，三者结合起来就能反映物体的形状和尺寸。

在三视图中，正视图与侧视图等高，正视图与水平视图等长，水平视图与侧视图等宽，简称为"长对正、高平齐、宽相等"，对物体进行正投影，都要符合这一"三等"的投影规律及尺寸关系。

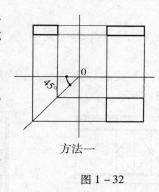

方法一

图 1-32

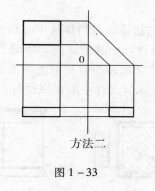

方法二

图 1-33

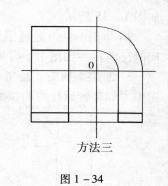

方法三

图 1-34

三视图的作法一般有三种。

1. 方法一：先画出水平和垂直相交的十字线，交点为0，以0为端点，在十字线无视图的一角做45°射线，根据"三等"关系，正视图与水平视图以垂直线取同长，正视图与侧视图以水平线取等高，在水平视图中取水平线与45°射线相交，再从交点引垂直线，可将宽度反映到侧视图中，以取得等宽，如图1-32所示。

2. 方法二：在取长和高时，方法同一。在取宽时，可在水平视图中取水平线与垂直轴相交，从相交点引45°斜线与水平轴相交，再从该相交点引垂直线，可在侧视图中取等宽，如图1-33所示。

3. 方法三：在取长和高时，方法同一，在侧视图中取等宽，可从水平视图中取水平线与垂直轴相交，再以0点为圆心，0到该交点的距离为半径画圆弧，从弧线与水平轴相交的交点引垂直线，可在侧视图中取等宽，如图1-34所示。

在工程制图包括装饰设计制图的实际运用中，不需要将投影轴等辅助线画出，各视图的位置也可灵活放置。

三、剖视图

在建筑设计、装饰设计、家具设计的制图中，还有一种不可缺少的表示方法，那就是剖视图。剖视图是假设物体被一个切面切开后移去被切部分，以反映物体内部构造的表示法。

通常在三视图中，可用虚线来表示隐蔽部分，但不能显示物体内部的真实内容，剖视图则可作为三视图的补充，它对工艺、工程施工具有不可缺少的作用。

常见的剖视图有以下几种：

1. 全剖图：是指切面将整个物体切开，移去被切部分，能反映全部被切后情形的剖视图。如装饰设计中的平面图、剖面图等，如图 1-35 所示。

2. 半剖图：一般适用于对称的物体，将物体从中心线或轴线一分为二，一半为剖面图，一半为视图，使物体的外形和内部构造同时反映在一张图中。常见于家具设计中的剖面图，如图 1-36 所示。

3. 断裂剖视图：是指将不同水平面或垂直界面上的面，以折断线的形式加以剖切，从而切开需反映的部分，并反映在同一剖面图中。如装饰设计中的顶棚剖面、家具设计中的剖视图等，如图 1-37 所示。

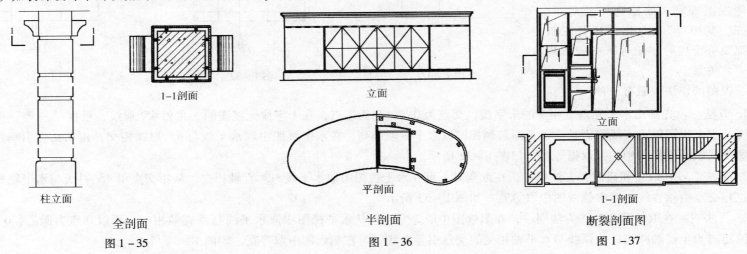

全剖面
图 1-35

半剖面
图 1-36

断裂剖面图
图 1-37

第三节 装饰设计制图的三维表达

一、透视图的基本知识

透视图是物体的三维表达形式，它的图像具有立体感。

透视图成形的原理是：透过透明的画面观察物体，并将投影线集中于一点的中心投影图，由此而产生视线和画面的交点相连而成的图像，就是具有立体感的透视图，见图 1-38。

透视图中，同一物体具有近大远小、近高远低、近宽远窄、近处清楚、远处模糊的特点。透视图比二维的工程图具有更直观的表现力，所以绘制透视图既可帮助设计人员在设计过程中推敲方案，也可帮助非专业人员对设计图的理解。

透视图有许多种画法,在装饰设计中较为常用的有一点透视(也称平行透视)、二点透视(也称成角透视)。在需表现室内整体空间时,也可绘制室内揭顶后的鸟瞰图,但并不常用。

透视图常用术语（见图1-39）：

基面（GF）：放置物体的水平面,亦即建筑制图中的底面；

画面（PF）：为一假想的透明平面,一般垂直于基面,它是透视图所在的平面；

视点（S）：指人眼所在的位置,即投影中心点；

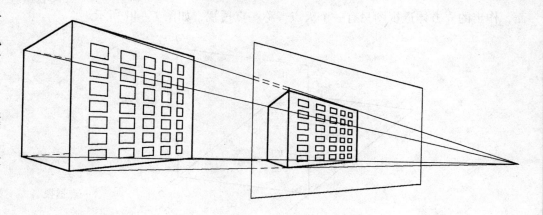

图1-38

基线（GL）：画面与基面的交线；

站点（SP）：是视点在基面上的正投影,也就是人所站立的位置点；

视高：视点与站点间的距离；

视平面：指视点所在高度的水平面；

视平线（EL）：指视平面与画面的交线；

视中心点（S'）：过视点作画面的垂线,该垂线与画面的交点即为视中心点；

视线：指视点和物体上各点的连接。

灭点（VP）,也称消失点：平行于室内空间水平方向的延伸到视平线上所产生的交点。

测点：求透视图中物体或空间深度的参考点。

二、透视图的作图法

1. 一点透视（也称平行透视）

一点透视是当 x、y、z 三轴中任一轴与画面垂直,另二轴平行于画

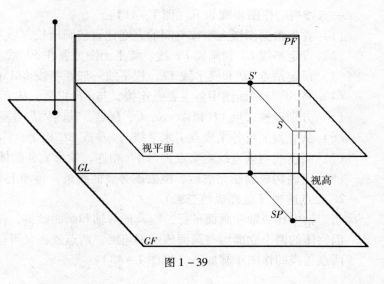

图1-39

面，作出的立方体透视图只有一个灭点，称一点透视，如图 1-40 所示。

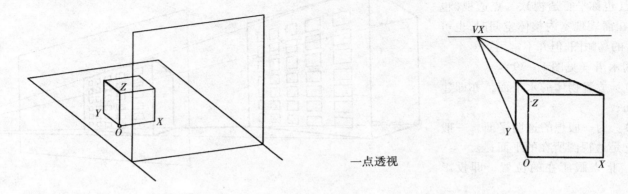

一点透视

图 1-40

一点透视的作图步骤如下（图 1-41）：
（1）首先根据图纸大小按空间的高宽比直接画出长方形 ABCD；
（2）设定基线 GL 和画面 PF 线，将平面图放置在 PF 线上方，立面图放在 GL 线上；
（3）设定站点 SP 和视平线 EL，视平线一般距基线 GL150mm，与平面图中心线的交点为灭点 VP；
（4）将 SP 与平面图中各主要点连接，与 PF 相交，从 PF 上的相交点做垂直线；
（5）分别连接灭点 VP 和 A、B、C、D 点，其连线与各垂直线之交点，形成空间深度；
（6）从立面上将各主要点引水平线与 AD 或 BC 相交，将交点与灭点 VP 连接，以形成物体高度；
（7）高度线与垂直线之交点再与 VP 相连，就形成各物体的透视效果；
（8）室内构成绘制完成后，擦去不必要的线条，再加上必要的装饰和明暗效果，就形成一张一点透视图。

2. 二点透视（也称成角透视）
当三轴中任一轴和画面平行，则其他两轴和画面倾斜，作出的立方体透视图有两个灭点，称两点透视。如图 1-42 所示。
因物体的两个立面均与画面成倾斜角度，两点透视又可称为成角透视。
两点透视的作图步骤如下（见图 1-43）：

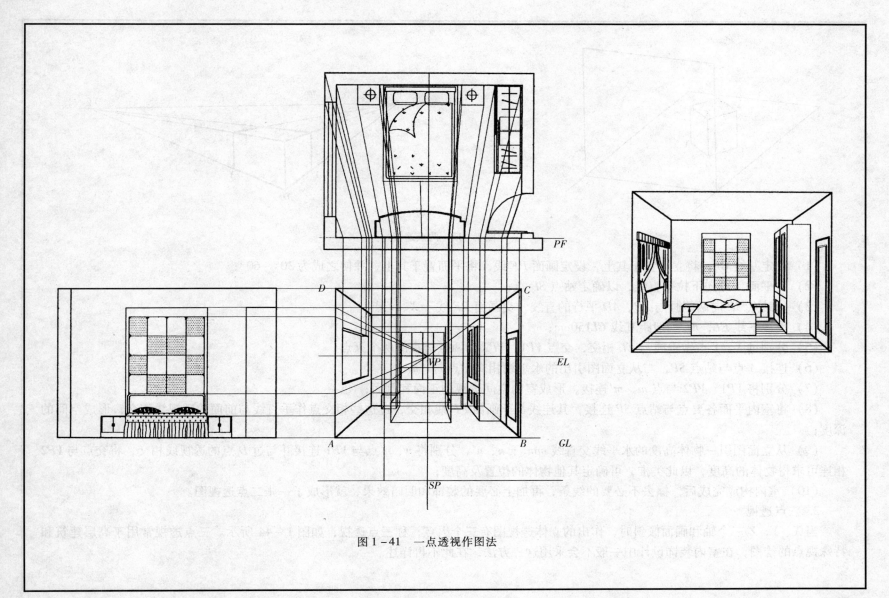

图1-41 一点透视作图法

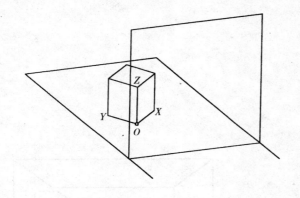 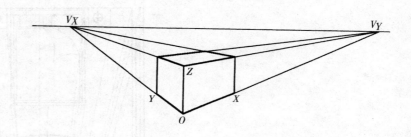

图 1-42 两点透视

(1) 设定基线 GL,将立面置于其上,设定画面 PF 线,将平面置于其上,并使之成为 30°~60°;

(2) 自平面 A 点向下拉垂直线,以确定站点 SP 点;

(3) 从站点 SP 向两侧画与 AB、AD 平行的直线,交画面 PF 线于 X、Y 点;

(4) 设视平线 EL,EL 一般距基线 GL150cm;

(5) 分别过 X、Y 点做垂线与 EL 相交,交点 VP1、VP2 为两点透视的两个灭点;

(6) 连接 A 点与站点 SP,与从立面图引出的水平线相交于点 m、m′;

(7) 分别将 VP1、VP2 与点 m、m′ 连接,形成室内空间透视的正面和侧面;

(8) 将室内平面各要点与站点 SP 连接,其连线都于画面 PF 线相交,过这些相交点作垂直线与前面的透视线相交,形成空间的深度;

(9) 从立面图引一物体高度的水平线交直线 mm′ 于 n、n′,分别将 n、n′ 点与 VP1 连接并与过 D 点的透视线相交,将交点与 VP2 相连可求得物体的高度,以此类推,可确定其他物体的位置及高度;

(10) 室内构成完成后,擦去不必要的线条,再加上必要的装饰和明暗效果,就形成了一张二点透视图。

3. 三点透视

当 X、Y、Z 三个轴和画面倾斜时,作出的立体透视图有三个灭点,称三点透视,如图 1-44 所示。三点透视常用于高层建筑和特殊视点的绘图,在室内装饰设计中一般不会采用这一方法,在此不再详述。

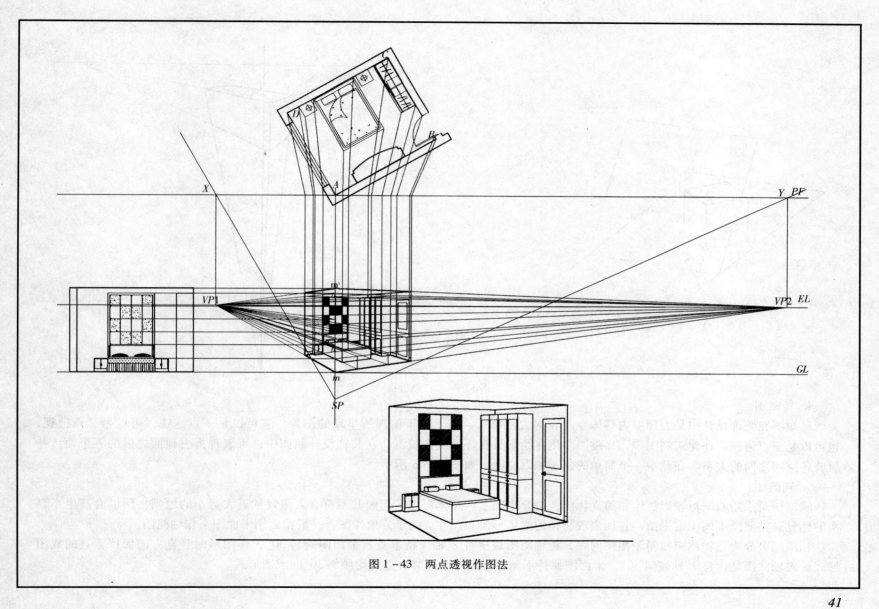

图1-43 两点透视作图法

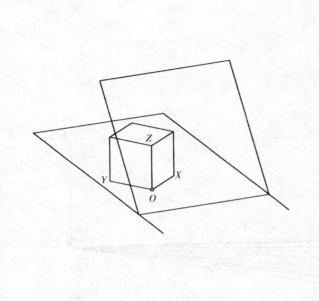
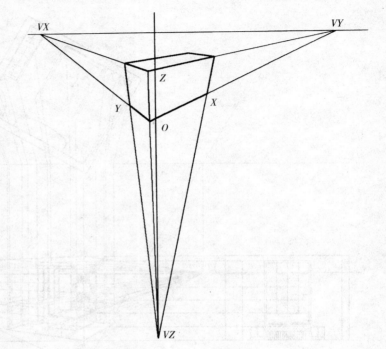

图 1-44 三点透视

4. 鸟瞰图

鸟瞰图在装饰设计中是表现室内整体空间在揭去顶部后，自上而下俯视所呈现的图像。它可以是一点透视，可以是二点透视，也可以是三点透视。在建筑制图中，鸟瞰图多用在绘制景观环境或建筑群，在装饰设计制图中，可表现揭去顶面之后的五个面，并反映各空间之间的关系。在此举一个简单的例子加以说明，如图 1-45 所示。

5. 轴测图

轴测图是采用斜平行投影法绘制的立体图，适合表现室内总体形态，但因其不符合人眼视觉近大远小的原则，所以会产生不真实的感觉。轴测图不属于透视图，它能表现物体的立体形象和尺寸。为了方便作图，一般都运用平面图来作轴测图。

轴测图可分为正轴测图和斜轴测图两种，正轴测图是指将 Z 轴保持垂直，平面图旋转 30°，作图形时竖直方向保持垂直的成图形式。斜轴测图是指将 Z 轴倾斜 30°，平面图保持不动，作图形时将竖直方向均倾斜 30°的成图形式。

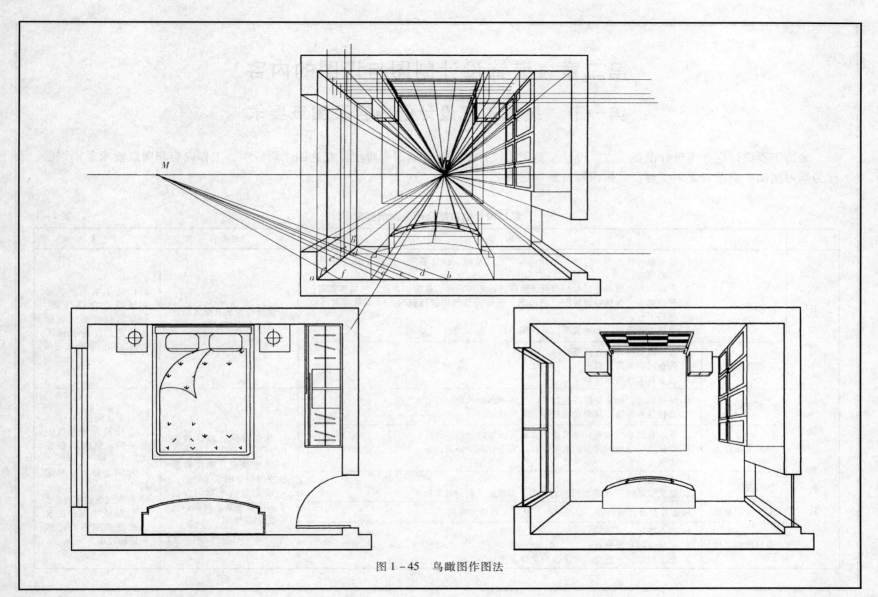

图1-45 鸟瞰图作图法

第二章 装饰设计制图与识图的内容

第一节 装饰工程设计的内容及图纸要求

装饰工程设计应分为设计准备、方案设计、施工图设计和设计实施四个阶段。在这四个阶段中，工作内容和图纸要求是不同的，作为学习制图和识图者必须了解。具体内容及要求见表2-1。

装饰设计的程序及相关图纸要求

表2-1

阶段	工作项目	工作内容	图纸内容	制图要求
设计准备	调查研究	1. 接受设计任务书，包括对设计内容、设计范围、设计要求、造价要求及有关文件的理解； 2. 定向调查，取得建设单位意见，包括设计等级标准、造价、功能、风格等要求； 3. 现场调查，包括对建筑图、结构图、设备图与现场进行核对，同时对周围环境进行了解； 4. 取得工程资料，如建筑图、结构图、设备图	对图纸与现场有出入处进行修正或重新绘制	可作徒手草图，也可用器具或电脑作图，但要求尺寸准确、标注清楚，以提出供下阶段工作的正确依据
	收集资料	1. 查阅同类设计内容的资料； 2. 调查同类装饰工程； 3. 收集有关规范和定额		
方案设计	方案构思	1. 整体构思，形成草图，包括平、立面图和透视草图； 2. 比较各种草图，从中选定初步方案	1. 构思草图，包括透视图； 2. 将建筑设计图纸转换成室内设计图纸工作图； 3. 绘制室内平面、顶棚平面图及主要立面图； 4. 绘制效果图	1. 要求比例正确； 2. 将建筑设计图纸中有关门、窗图示和有关尺寸去掉； 3. 标明主要尺寸和用料； 4. 图面美观、整齐； 5. 绘制效果图，要求正确反映室内设计的构思和效果
	方案设计	1. 征求建设单位意见，并对委托方的要求加以分析、研究； 2. 与建筑、结构、设备、电气设计方案进行初步协调； 3. 完善设计方案		
	完成设计	1. 提供设计说明书； 2. 提供设计图纸（平面图、立面图、剖面图、彩色效果图）		
	编制工程概算	根据方案设计的内容，参照定额，测算工程所需费用		
	编制投标文件	1. 综合说明； 2. 工程总报价及分析； 3. 施工的组织、进度、方法及质量保证措施等		

续表

阶 段	工作项目	工作内容	图纸内容	制图要求
施工图设计	完善方案设计	1. 对方案设计进行修改、补充； 2. 与建筑、结构、设备、电气设计专业充分协调	绘制室内平面图、顶棚布置图、全部立面的图纸和节点大样图	1. 深化、修正、完善设计方案； 2. 要求注明详细尺寸、材料品种规格和做法
施工图设计	提供装饰材料实物样板	主要装饰材料的样品，提供彩色照片		
施工图设计	完成施工文件	1. 提供施工说明书； 2. 完成施工图设计（施工详图、节点图、大样图）		
施工图设计	编制工程预算	1. 编制说明； 2. 工程预算表； 3. 工料分析表		
设计实施	与施工单位协调	向施工单位说明设计意图、进行图纸交底	1. 变更和补充图纸； 2. 绘制竣工图	要求正确反映工程量和用材
设计实施	完善施工图设计	根据现场情况对图纸进行局部修改、补充		
设计实施	工程验收	会同质检部门和施工单位进行工程验收		

一、图纸的编排次序

整套室内装饰设计工程图纸的编排次序一般为：图纸目录、设计说明（或施工说明）、效果图、平面图、顶棚平面图、立面图、大样图……遵循总体在先、局部在后；底层在先、上层在后；平面图在先、立面图随后，依据总图索引指示顺序编排；材料表、门窗表、灯具表等备注通常放在整套图纸的尾部。

二、图纸目录

一套完整的装饰工程图纸，数量较多，为了方便阅读、查找、归档，需要编制相应的图纸目录。图纸目录又称为"标题页"，它是设计图纸的汇总表。图纸目录一般都以表格的形式表示。图纸目录主要包括图纸序号、工程内容等（见表2-2）。

项目名称：某居室装饰工程		设计单位：某设计公司		设计编号：2000118	表2-2
序 号	工 程 内 容		序 号	工 程 内 容	
1	平面图		8	玄关高柜详图	
2	地面铺地图		9	客厅电视柜及高柜详图	
3	顶棚图		10	餐厅矮柜、餐桌详图	
4	客厅立面图		11	卧室衣橱、化妆台、电视柜详图	
5	餐厅立面图		12	儿童房床组、衣橱及书桌详图	
6	卧室主立面图		13	厨房操作台详图	
7	儿童房立面		14	卫生间立面详图	

三、设计说明书和施工说明书

建筑设计的施工图和施工说明不少可以套用标准图集和标准施工说明，装饰设计图目前尚无标准的施工图集和施工说明可以套用，因此装饰设计的施工图和施工说明则需要根据具体情况确定要表达的内容。

1. 设计说明书

设计说明书是对设计方案的具体解说，通常应包括：方案的总体构思、功能的处理、装饰的风格、主要用材和技术措施等。

装饰设计说明书的形式较多，归纳起来大体有三种：一是以总体设计理念为主线展开；二是以各设计部位的设计方法为主线展开；三是在说明总体设计理念的同时，又说明各部位的设计方法。有的设计说明还包括了引用的设计的规范、依据等。装饰设计的内容一般都是根据建设方和招标的要求或设计单位的习惯而决定。

装饰设计说明的表现形式，有单纯以文字表达的，也有用图文结合的形式表达的。在现行招标中，使用较多的是图文结合的形式。装饰设计说明书的写法举例如下：

某大酒店装饰设计说明

总体构思

大酒店的室内装饰设计力图与建筑设计的思想一致，并充分利用现有建筑的空间进行再设计，以创造出一个布局合理、使用方便、舒适高雅，且有利于经营管理的室内空间。在平面布置中做到流线合理，在空间处理中充分利用隔断、沙发、花坛、下沉吊顶、吊灯等形成一个又一个的虚拟空间，使不同功能的空间既能彼此独立，又能保持大空间的流通感和恢宏感。室内装饰设计的造型简洁，以强调现代工业化造型的美感。室内色调以淡雅色调为主，表现出明快、典雅的气氛。室内的材料尽量采用明亮、光洁的材料，如磨光花岗石、镜面、不锈钢、黄铜管以及水晶灯等，使室内处处洋溢着现代美的气息。在设计中努力与暖通、消防、音响、照明、网络等设施相互配合，以降低建筑的总体造价和增加装饰设计方案实施的可行性。

一、大堂方案
1. 功能设置
　　大堂是酒店公共活动的中心，也是室内装饰设计的重点。大堂的贯穿空间中设有主入口、团体入口、总台、大堂经理台、咖啡厅、电话台、土特产展销室、展览柜、业务洽谈室、多功能室、娱乐室、咖啡座、音乐茶座等服务内容。
2. 平面布置
　　大堂正面的两侧为总服务台，总台上部设下沉式吊顶，迎面软包背景上设世界钟，大堂左侧墙镶挂具有现代气息的壁画。大堂经理位置在大堂入口的左侧，以便于服务和管理。大堂中两组半圆形休息座，其位置既有利于休息，也方便于交通，它的平面构图具有向心的作用。形成大堂底层平面的中心点。大堂顶部的三组水晶吊灯的造型，既强调了纵向轴线的关系，又兼顾了吊顶平面的构思均衡。大堂楼梯下的圆形音乐喷泉呈阶梯状层层叠落。它是大堂中的一个重要观赏点，圆形的喷泉平面，既强调了与圆楼梯的呼应关系，同时又起到对右侧多变平面的控制作用，使平面关系更趋完整统一。
　　大堂底层的左边为团体入口，设有团体休息区、驾驶员休息区、值班室、值班经理台等。团体休息区与驾驶员休息区之间用低矮隔断限定空间，既划分了不同功能的区域，又保证了上部吊顶的整体性。团体入口的中部以花岗石圆形花池点缀，池中零星布置的射灯更添这一景点的情趣。大堂底层右侧为咖啡厅。咖啡厅的外侧和厅内均以低矮的玻璃隔断划分空间，不仅具有简洁明快的现代气息，同时又使人可以从厅内观赏音乐喷泉等景致，咖啡厅在大堂中高出一级踏步，既可限定界面，又使咖啡厅更具高雅、舒适之感，咖啡厅中的艺术壁龛还起到内外部空间过渡的作用。
　　大堂二楼左侧的两间业务洽谈室，分别设计成西式和中式两种形式，其布局合理，风格别致。二楼左侧设土特产展销厅，由货架和货柜组织的平面，使购物流线简洁明确。透明的玻璃隔断，别致的展柜等，增加了购物空间的现代气息。
　　三楼左侧设以会议室为主的多功能室，可作为会议、新闻发布、放录像、时装表演等不同功能的使用空间。室内设有近百个座位，并可根据使用要求灵活组织平面形式。三楼右侧是娱乐中心，有棋牌室、电子游戏机室和桌球室，它们之间的功能分区合理，流线简明。
　　二层、三层走廊的外侧均匀放置展柜，以供展销艺术用品。二层、三层走廊的内侧是布置咖啡座和音乐茶座最理想的位置，在此欣赏大堂的各种景观，更为赏心悦目。咖啡座以花池、壁龛、地毯、下沉吊顶等限定空间界面。这种适度降低层高的空间更具高雅和舒适的感觉。
二、餐厅
1. 大餐厅
　　大餐厅的平面布置紧凑合理，整个餐厅按50桌布置，每桌10人，可容纳500人同时就餐。
　　餐厅中通道的最窄距离在1.4m以上，至少可供两人并肩行走。餐桌直径为1.5m，餐桌与餐桌的最小间距在1.5m以上，满足了就餐时的活动面积。
　　大餐厅的大门设在人流量最大的圆楼梯处，缩短了进餐时的交通路线，在靠近走廊一边设两个送菜口和两个洗涤出口，使服务流线简洁明确。
　　餐厅中的灵活隔断，对空间进行了再次分隔。如调整隔断的排列方式可组织成其他多种形式的空间。
　　临玻璃幕墙处设雅并抬高0.15m，铺以大红地毯，它与间断花池和下沉吊顶共同构成一个典雅、舒适的带形空间。餐厅临窗的中央是主席台位置，大红的地毯、造型别致的背板、豪华的水晶灯，以及两侧的盆花，更加衬托出主席台的端庄和重要，成为全餐厅的视觉中心。
　　餐厅的顶棚分三层错落，顶棚的平面布置与建筑的平面紧密结合，并与餐厅的布置上下呼应，特别是中部的片状灯具，更是与建筑的平面关系丝丝入扣。这些片状灯既能使大餐厅显得更加富丽堂皇，又使大餐厅的大空间产生了"升高"的感觉。
2. 自助餐厅
　　平面布置与建筑平面密切结合，布局紧凑而灵活。餐厅内分别有八人桌、五人桌、四人桌和双人桌等不同形式的桌子，可供不同要求，不同数量的客人在同一个餐厅内分别就餐。

自助餐厅的装饰风格力求表现欧陆装饰风格,餐厅的入口处设壁龛和柱下花池,起到景点和分隔空间的作用。

临窗的顶棚在正对下部餐桌的位置,悬挂球形吊灯,增加了自助餐厅的欧陆风格,入口处的豪华吊灯起到诱人入室的导向作用。

3. 中餐厅

中餐厅布置14桌,餐桌直径1.5m,餐桌间距直径1.5m以上,餐厅的通道距离在1.4m以上。餐厅中设六段屏风,可自由分隔空间。

中餐厅的造型风格以现代的装饰语言体现我国传统的古朴遗风,中餐厅的装饰以八角形为母体,八角形的天花藻井错落有致,层层退进,中部八角形的吊灯控制着整体空间的氛围。墙面上八角形深栗色边框中镶嵌织物小品或配以民间剪纸,屏风隔断上隽刻花卉、植物,使餐厅的整体风格更为清丽、高雅。

4. 西餐厅

西餐厅设置四人座和沙发座两种餐桌。室内以暗色调以基调,在周边沙发旁选用台灯作点光源,显得温馨而浪漫。室内中壁柱、雕塑、柜台等都有西洋古典风格。室内主要以软质材料和木质材料装饰,如地毯、沙发、墙布、木板等,同时设置玻璃皿架和不锈钢餐具,使室内空间既散发出欧陆古典气息,又闪烁着现代美感。

5. 法式餐厅

法式餐厅的餐桌仍为中式圆形桌,圆桌直径1.8m,可供12人就餐。餐厅的立面将西方室内的壁炉(上挂油画、下作服务柜)、古典柱式、拱窗的造型简化,取其神韵。正对餐桌悬挂法式的烛台灯具,墙面挂置西方古典主义油画(仿制品),餐厅的格调华丽而高贵,体现了16~17世纪的法国洛可可装饰风格。

6. 和式餐厅

和式餐厅设前厅和正厅两部分。前厅中布置枯山水、石井,正厅中临窗布置榻榻米,顶棚采用木格栅,格栅上悬挂方形纸灯笼,墙面上布置浮士绘绘画(仿制品),餐厅的入口处悬挂风味十足的纸伞,……和式餐厅中处处渗透出浓郁的东瀛气息。

7. 四桌厅

四桌厅的风格华丽而富贵,豪华的吊灯、周边的光带及花架等都是对这一风格的渲染。

8. 中式一桌厅

中式一桌厅也是分前厅和正厅两部分。前厅中布置着装饰花瓶,两厅之间以博古架分隔,正厅中放置案几(上部放唐三彩等古玩,下作服务柜),临窗摆设花架,顶棚上悬挂中国传统的宫灯,餐椅仿明式风格,两侧墙面挂置中式条屏。……该厅力求表现苏南地区传统民居室内装饰风格中的雅致和富贵的气息。

三、舞厅

舞厅中雅座有88座,卡座有96座,咖啡座有6座,火车座有24座,包厢有20座,共有240个座位。舞池约为140m²,舞池面积与座位的比数是(6:8)m²/座,较合理地解决了座位数与舞池面积比的关系,舞池座位的排列合理、舒适、紧凑,座位之间均有恰当的通道面积。舞厅的入口处设休息区和供服务人员收票和休息的房间,舞厅的端头设厕所和吸烟室,声光控制室从侧面与舞台相对,舞台的两侧设咖啡、饮料、小卖、衣帽等服务间。

舞厅的平面采用了基本对称的布置形式,舞池为近似鼓形的平面,在设计中本着以舞池、舞台为中心,创造出一种喧哗、眩目、刺激的动态效果,同时由开放式卡座、火车座、雅座、包厢逐步减弱动态和喧闹气氛,并逐渐形成安静的、私密性的空间。舞厅顶棚采用黑色钢网架,周边环绕彩色光带,黑色钢网架的球形节点可按照灯光设计的要求布置各种舞厅灯。舞池边缘的开放式卡座桌和咖啡台为黑色、沙发为红色,通过强烈的色彩对比吸引顾客的视觉。舞池的边缘以彩色流动光带限定界面,舞台踏步处和舞台两侧均设彩色流动光带,以加强光色的运动感。但位于弧线上的雅座区则采用淡绿色组合沙发,地面满铺黄绿色地毯,加上较低的层高和低照度的灯光,造成一种与舞池、舞台截然不同的安谧气氛。至于包厢区,由于隔断围合产生的私密感,更有一种闹中取静的效果。

四、卡拉OK厅

卡拉OK厅的入口处设一壁龛，作为过渡空间的界面将人流分向两侧，入口的两侧设有服务台和声光控制室，卡拉OK厅的中央设一小舞池正对小舞台，沿墙布置休息座，舞池两侧零星放置散座，该卡拉OK厅的室内设计使不大的空间取得较丰富的层次感，整个平面布置紧凑、合理。卡拉OK厅的室内环境色调轻快、明朗，空间尺度亲切宜人，是自娱自乐和人际交往的理想环境。

五、旋转餐厅

在旋转餐厅的临窗处布置火车座和圆形沙发座，共有21座，布置紧凑、合理。其中火车座有14座，圆形沙发座有7座，在活动平台处留有1.6m宽度的走道。旋转餐厅的固定平台上设精品屋、咖啡台、备餐台、舞台以及厕所等服务设施。旋转餐厅固定平台上用隔断围合成规则的近似圆形的平面，隔断的墙面上间隔布置壁画，以丰富墙面的内容和增加旋转餐厅的艺术情趣。旋转餐厅的灯光设计以适当减弱旋转部分的照明为原则，进而引导游客把观赏视线放在室外的景观上。舞台作为娱乐和观看的区域，灯光照度作了加强。精品屋和咖啡台的平面都退在柱子轴心圆的内侧，既使柜台前的使用功能得到满足，又使立面造型得到了丰富。

六、客房

标准间以四星级宾馆客房为设计标准，渲染一种素雅、明快的气氛，家具采用造型简练的乳白色喷漆家具。客房装饰品以绘画为主，灯光设计以局部照明为主。

双套间比标准间多一客厅，供会客、休息、工作用。

三套间设有卧室、书房、餐室以及吧台和大小卫生间两个，室内以绘画作品、艺术壁龛、盆景等点缀装饰。室内色彩以浅乳黄色为基调，创造一种明亮、宜人、高贵的气氛。

总统套间是酒店中最高档套间，在设施、装修、家具、陈设等方面都表现了酒店的最高水准。套间分为前厅、会议室（兼餐厅），随从间、卧室与起居室。后者以顶棚、隔断进行空间软性分隔，增加层次感。随从间按标准间设计，平面布置具有一定灵活性。在前厅与餐厅之间用吊灯与灯具强调了中轴线，以引导视线。墙面、顶棚、地面力求表现华丽典雅的感觉。卫生间设1.8m长的豪华浴缸、坐便器与冲洗器，并设有灵活隔断及全身镜，墙面、地面均铺大理石。设计中以盆景、柱式、酒吧台、绘画作品、镜面、豪华的吊灯、宽敞的沙发等烘托出总统套间的华丽高贵。

2. 施工说明书

装饰施工说明书是对装饰施工图设计的具体解说，用以说明施工图设计中未表明的部分以及设计对施工方法、质量的要求等。装饰设计施工说明书举例如下：

某国税局直属分局大楼装饰施工说明

一、总体要求

1. 本次装饰设计是根据装饰设计的各种规范要求并认真听取建设方意见，同时针对该建筑风格的特点、空间的特点、功能的要求进行设计的。
2. 本次设计成图的依据是建设方提供的建筑、结构和设备图纸（未有工程竣工），期间我们曾多次现场踏勘，尽量减少施工图与施工现状的出入。
3. 本次装饰设计的范围为一层、二层、三层、五层的室内，总面积为2500m²。
4. 本设计为装饰设计，含与此配套的电路设计，其他设备设计、土建设计等不在本设计范围。
5. 本次设计含施工说明一份，它可作为设计图纸表达内容的补充。另含预算书一份。预算套用江苏省1998年版的《江苏省建筑装饰工程预算定额》编写。
6. 施工单位在开工前必须认真阅读图纸。了解设计思想、装饰风格、装饰用材等问题，并以设计图纸为基本依据，作出施工工艺方案。
7. 设计方将在工程开工前进行图纸交底。图纸交底时施工方应提出问题。并听取设计人员对图纸的解释和对问题的解答。
8. 本设计图纸所注标高以每层装饰地坪高度为±0.000。
9. 装饰施工图中的尺寸标注以毫米为单位。凡未注定位尺寸的部位，可按图比例定。
10. 施工图对重点部位的做法出了大样图，凡未出大样图的部位，按国家有关装饰施工的规范进行施工。

11. 本设计图中的立面有两种表示方法：一是按轴线确定立面的位置和方向，二是按A、B、C、D方向面来表示立面的位置和方向。
12. 凡大样图与相对应部位的图纸有出入时，以大样图为准。凡图纸中表示的尺寸与现场有矛盾时，应根据现场情况酌情调整。调整方案由设计者或监理确定。
13. 施工时，建设方对设计方案有局部改动应与设计方或监理沟通，较大的改动必须与设计方商定。施工单位及其他单位均不能改动原设计内容。
14. 施工图交建设方后，建设方应在十天内组织图纸会审，对图纸中的疑问尽早集中提出。
15. 施工单位在编写预算书时必须认真阅读图纸和施工说明。
16. 灯具布置的位置如与上部设施有矛盾时，可适当调整，但必须保证原设计风格。调整时应由设计方或监理方确定。
17. 本次设计不含活动家具设计。

二、施工工艺

1. 石材装饰

(1) 施工方应提供100mm×100mm的石材作样板，说明出产地、质量等级，给设计方和建设方看样。
(2) 铺砌地面石材厚度不小于20mm，楼梯踏步用料厚度不小于30mm。
(3) 墙体门、窗套石材外凸部分厚度不小于45mm。凡石材窗套、门套、装饰块、柱体的边口均做磨光、倒角工艺。
(4) 石材选择均选用A级品。石材本身不得有隐伤、风化等缺陷。清洗石材不得使用钢丝刷或其他工具而破坏其外露表面。
(5) 安装中应检查底层或垫层是否施工妥当。
(6) 对于拼花图案应进行试拼，应先拼图案，后拼其他部位，且拼缝要协调。
(7) 灰浆至少养护24小时后方可作填缝料。
(8) 在完成勾缝和填缝以后及在这些材料硬化之后，应清洁有尘土的表面。所用溶液不得有损于石料、接缝材料或相邻表面。
(9) 在清洁石材过程中应使用非金属工具。
(10) 准确切割特殊形状石材，镶边和拼接边缘，应与相邻材料表面相配。
(11) 提供的砂应是干净、坚硬的硅质材料，所用的胶结材料，掺合比例应符合有关规范要求，并有产品合格证及复检报告。

2. 木工装饰

(1) 木材应选用优质材料。未经干燥处理的木材不得使用。含水率不超过12%～18%。
(2) 木材不得带有虫蛀、腐节等缺陷，锯成方条形，不会翘曲、爆裂等。
(3) 龙骨木材可用松木、桦木等。作为垫层底板可用12mm厚胶合板或细木工板。
(4) 所有木材均应满足防火要求，涂上三层当地消防部门同意使用的防火漆。施工方在施工前将防火漆给建设方看样。
(5) 所有木制踢脚板、木框和其他木工制品，必须准确划线，以配合现场造成的应有的紧密配合。成品后将其保持完好状态。
(6) 木制假柱操作基本工序：

砌砖——钉木龙骨——钉胶合板——刷防潮漆和防火涂料——木饰面

(7) 胶合板贴墙纸操作基本工序：

胶合板——刮腻子——砂磨——刷胶——贴墙纸

(8) 钉木料用的钉子一律采用镀锌铁钉或不锈钢钉，不允许使用普通铁钉。钉头要陷进面层，用磁漆封孔，钉孔要用腻子补平。

(9) 圆形二次吊顶侧面可采用双层或三层胶合板，竖向、横向纹交错敷设，以防收缩变形。
(10) 胶合板拼接时要注意木纹的整体统一，特别是接缝处。
(11) 木板用胶连接的地方必须给予足够压力保证粘牢。实木表面需要用胶水接合的地方，必须用砂纸磨光。
(12) 木装修的木质面最终都应磨光和上蜡。

3. 油漆装饰
(1) 油漆的品质应符合国家现行的标准，所用产品应送料给建设方。
(2) 油漆前对所有表层的孔洞裂纹和其他不足之处应预先修整好，然后进行油漆。
(3) 第一遍油漆没有完全干透或环境有尘埃时，不能进行第二遍操作。
(4) 每道油漆工序都要求涂刷均匀，防止漏刷、过厚、流淌等弊病。
(5) 在油漆施工前应拆除所有五金器具，并在油漆完工后安装到原处。
(6) 本设计图中标注的清水漆是指亚光硝基清漆。

4. 玻璃装饰
(1) 在切割之前提供样板交建设方看样。玻璃外露的侧边要光滑，安装前用砂纸擦光。玻璃必须结构完整，无破坏性伤痕、针孔、尖角或不平直的边缘。
(2) 磨砂玻璃上的图案由设计方或监理确定。
(3) 玻璃安装前需清洁。所有螺丝或其他固定部件都不能在滑槽中突出来。所有框架的调整都应在安装玻璃之前进行。所有密封剂在完工时需清洁、平滑。
(4) 门上的玻璃应在门框校正和五金件安装完毕，以及门框刷最后一遍涂料前进行。
(5) 安装磨砂玻璃时，玻璃的磨砂面应面向室内。
(6) 二层栏板的玻璃做法见大样图。

5. 吊顶装饰
(1) 选用的材料品种、规格、颜色以及基层构造、固定方法应符合规范要求。
(2) 吊顶龙骨在运输安装时，不得扔摔、碰撞。龙骨应平放，防止变形。各类面板不应有气泡、起皮、皱纹、缺角、污垢等缺陷，应该表面平整、边缘整齐、色泽统一。
(3) 轻钢龙骨选U形60系列。石膏板选龙牌，厚度不小于12mm。紧固件应采用镀锌制品。
(4) 吊顶安装前的准备工作应符合下列规定：
1) 在楼板中设置预埋件或吊杆等。
2) 吊顶内的灯槽、斜撑、剪刀撑等，应根据实际情况布置。
3) 吊顶内的风管、水电管道等隐蔽工程应安装完毕，消防系统安装并试压完毕。
4) 轻型灯具可吊在主龙骨和附加龙骨上，重型灯具或其他装饰件不得与吊顶龙骨连接，应另设吊钩。
(5) 龙骨的安装应符合国家有关标准的规定：
1) 主龙骨吊点间距，应符合有关标准的规定，中间部分应起拱，金属龙骨起拱高度应不小于房间短向跨度的1/200，主龙骨安装后应及时校正其位置和标高。
2) 次龙骨要紧贴主龙骨安装。当用自攻螺钉安装板材时，板材的接缝处，必须安装在宽度不小于40mm的次龙骨上。
3) 全面校正主、次龙骨的位置及水平度。连接件应错位安装，主龙骨应目测无明显弯曲。通长次龙骨连接处的对接错位偏差不得超过2mm。

(6) 纸面石膏板的安装，应符合下列规定：
1) 纸面石膏板的长边应沿纵向次龙骨铺设。
2) 自攻螺钉与纸面石膏板距离，面纸包封的板边以 10～15mm 为宜，切割的板边以 15～20mm 为宜。
3) 钉距以 150～170mm 为宜。螺钉应与板向垂直且略埋入板面，并不使纸面破损。钉眼应作除锈处理并用石膏腻子抹平。
4) 拌制石膏腻子应用不含有害物质的洁净水。
(7) 二次吊顶的做法：
1) 本次设计中二次吊顶有两种：一是周边设灯光带的，二是周边不设灯光带的。设灯光带的二次吊顶落差在 250mm 以上。
2) 圆形、椭圆形吊顶的侧边用层三夹板叠加弯曲后作表面处理。方形、长方形吊顶的侧边用 12 厘板作衬底面层贴三夹板。
3) 凡木材部分均刷防火涂料三遍。
(8) 顶棚的面饰：
1) 本次设计的顶棚面饰均选用乳胶漆。凡图纸未标注品牌的乳胶漆可选用天祥牌乳胶漆。
2) 乳胶漆的做法应符合国家有关规定。

6. 墙纸的装饰
(1) 不论布质或其他质料用作裱贴墙面用的面料，本工程中统称为墙纸。
(2) 墙纸一律采用垂直式裱贴，直缝应互相紧贴、对齐，且保持垂直。
(3) 墙纸的边缘结尾部位的宽度应不少于整幅纸宽度的 1/2，布料墙纸应事先作好墙面衬底纸。
(4) 墙纸接缝处不得露有胶粘剂和污染痕迹。
(5) 有图案的墙纸，拼接时图案一定要对齐。
(6) 墙纸涂刷胶粘剂要满涂均匀，不得出现空鼓、气泡、起翘、折皱、裂纹等现象。
(7) 墙纸应有防火处理，并应从厂家取得证明，由监理方审定。如缺证明，则施工方要自费进行防火处理，以满足消防部门的要求。
(8) 墙纸选进口的巴黎风情牌，式样由设计方认定。
(9) 在砖墙体上粘贴墙纸应做到：
1) 墙体的抹灰符合国家验收规定。墙面、柱身必须抹平，角线垂直。
2) 贴墙纸的操作基本工序为：砖墙抹灰完毕——熟胶粉抹面——砂纸磨平——刷防潮漆一道——贴墙纸

7. 乳胶漆的施工
(1) 乳胶漆施工前期工作同贴墙纸。
(2) 乳胶漆必须刷三道，后一道必须等前一道干后再进行。

8. 地砖、瓷砖铺贴
(1) 卫生间立面未出图，所有瓷砖选 200mm×300mm 浅色隐花瓷砖。
(2) 更衣室的墙面出图，1.8m 以下选 200mm×300mm 选浅色隐花瓷砖，1.8m 以上刷乳胶漆。
(3) 施工方在施工前应选样给建设方，由设计方和监理确定地砖、瓷砖色彩。

(4) 地砖、瓷砖的铺贴按有关装饰施工的规范要求。
三、其他
1. 本装饰施工图中凡类同的立面未出，但在图纸中都有所说明。
2. 楼梯间立面由设计或监理现场定。楼板栏杆由设计或监理现场选样定。
3. 常规装饰做法未出大样，施工方应按有关装饰施工的规范进行施工。
以上所有工种的验收由建设方组织，设计方应参加验收，按国家有关装饰施工的规范和本次施工说明的要求验收。施工过程中建设方应安排监理，按施工说明中的要求进行过程管理。

第二节 平 面 图

一、平面图的形成

为了解释室内平面图的形成，我们可以假想有一个水平剖切平面，在窗台上方把整个房屋剖开，并揭去上面部分（图2-1a所示），然后自上而下看去，在水平剖切平面上所显示的正投影，就可称之为平面图（图2-1b所示）。

二、装饰平面图的作用和内容

装饰设计中的平面图主要表明建筑的平面形状，建筑的构造状况（墙体、柱子、楼梯、台阶、门窗的位置等），表明室内的平面关系和室内的交通流线关系，表明室内设施、陈设、隔断的位置，表明室内地面的装饰情况。装饰设计中的平面图有以楼层或区域为范围的平面图，也有以单间房间为范围的平面图。前者侧重表达室内平面与平面间的关系，后者侧重表达室内的详细布置和装饰情况。

建筑设计平面图是装饰平面设计的基础和依据，在表示方法上，二者既有区别又有联系。图2-2为某住宅的原建筑设计平面图，其外轮廓140处都标注了三道尺寸，分别为总距离尺寸、轴线距离尺寸、门窗等局部尺寸。建筑设计的平面主要表明室内各房间的位置，表现室内空间中的交通关系等。图2-3为在建筑设计平面图基础上所做的室内装饰平面图，其外轮廓只标注两道尺寸，一道为总距离尺寸，另一道为建筑轴线距离尺寸或室内分隔墙的距离尺寸。在建筑的平面图中一般不表示详细的家具、陈设、铺地的布置，而在室内设计平面图中必须表现上述物体的位置、大小。在装饰设计施工图的平面中还需要标注有关设施的定位尺寸，这些尺寸主要包括固定隔断、固定家具之间的距离尺寸，有的还标注了铺地、家具、景观小品等尺寸。

在整套装饰工程图纸中，最好有表示各局部索引的平面图，它对查找、阅读局部图纸起着"导航"作用，如图2-4所示。

装饰平面图的图名应标写在图样的下方。当装饰设计的对象为多层建筑时，可按其所表明的楼层的层数来称呼，如一层平面图、二层平面图等。若只需反映平面中的局部空间，可用空间的名称来称呼，如客厅平面图、主卧室平面图等。对于多层相同内容的楼

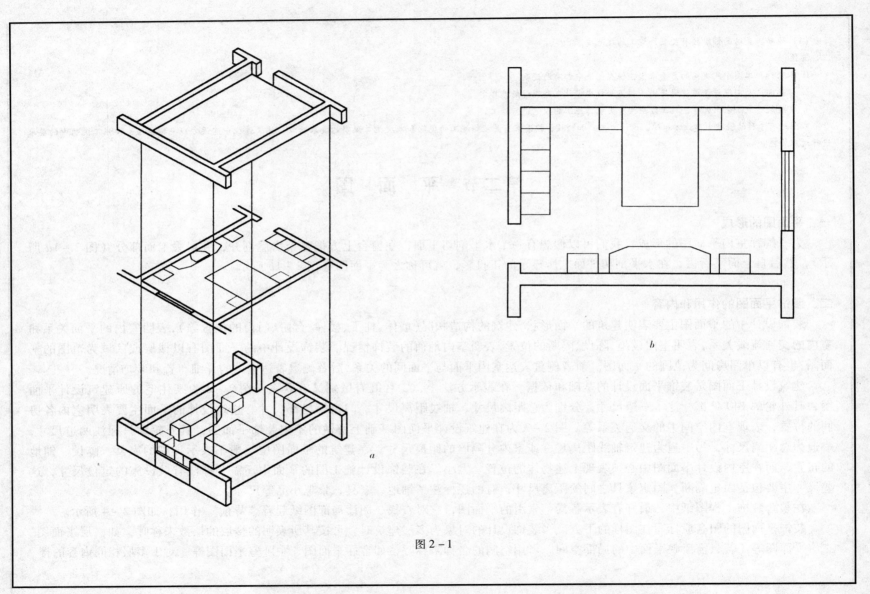

图 2-1

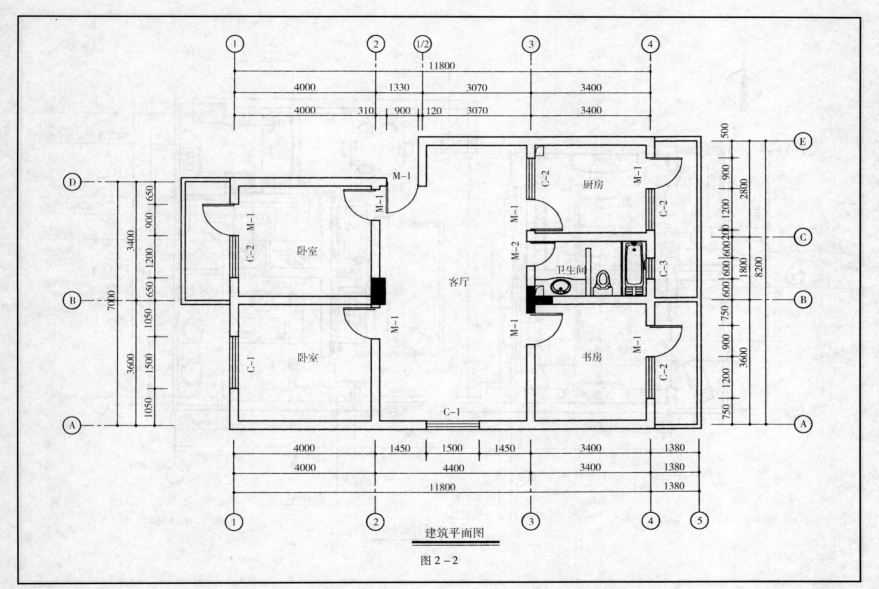

建筑平面图

图 2-2

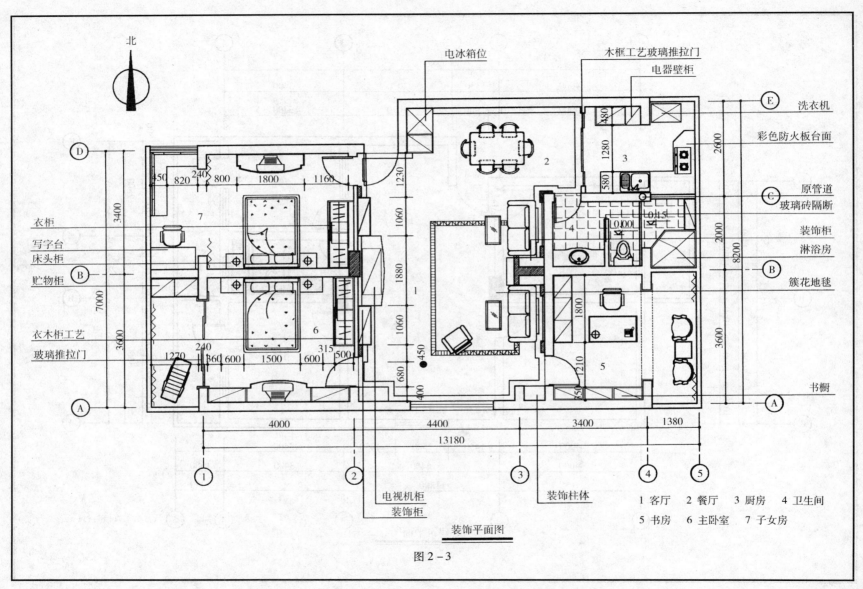

装饰平面图

图 2-3

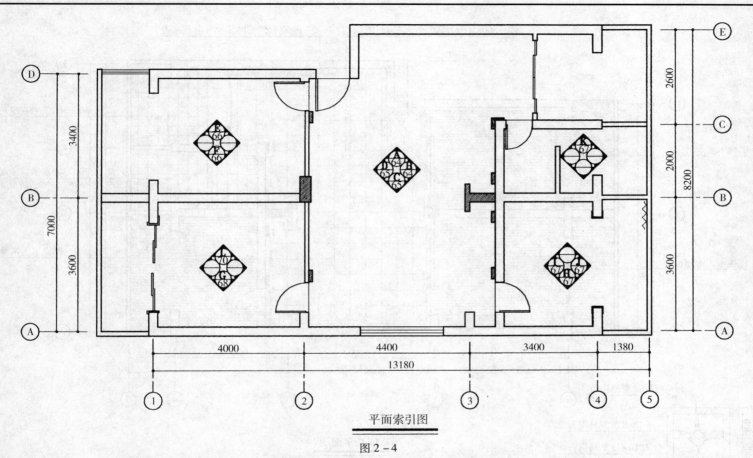

平面索引图

图2-4

层平面,可只绘制一个平面图,在图名上标注出"标准层平面图"或"某层~某层平面图"即可。在标注各平面房间或区域的功能时,可用文字直接在平面中注出各个房间或区域的功能,也可采用图2-3中用序号代替文字,而在图的旁边标出序号所指示的功能。

在平面图中,地坪高差以标高符号注明。地坪面层装饰的做法一般可在平面图中用图文表示,为了使地面装修用材更加清晰明确,画施工图时可单独绘制一张地面铺装平面图,也称铺地图,在图中详细注明地面所用材料品种、规格、色彩,如图2-5所示。对于有特殊造型或图形复杂而有必要时,可绘制地面局部详图,详见图2-5。

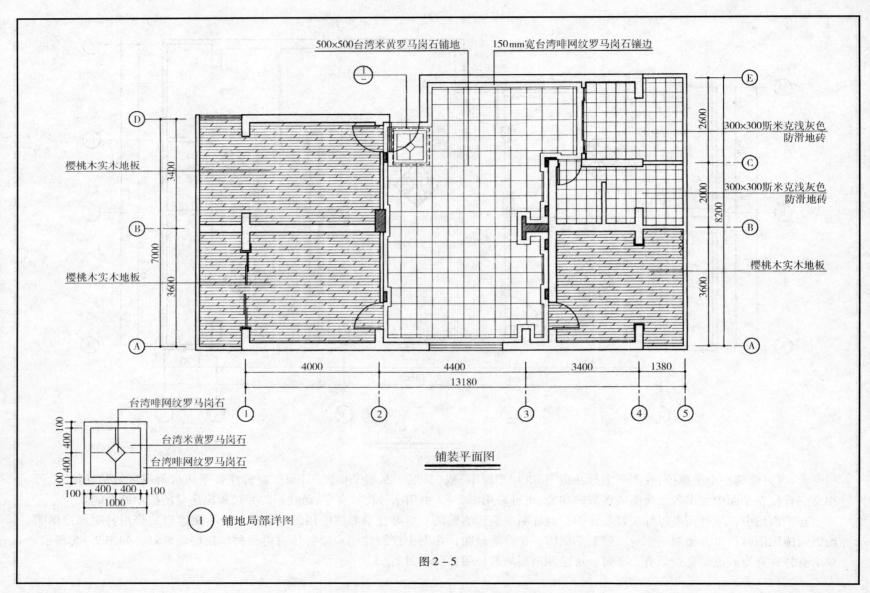

图 2-5

第三节 顶棚平面图

一、顶棚平面图的形成

顶棚平面图也可称为天花平面图、天棚平面图或吊顶平面图。为了理解室内顶棚的图示方法,我们可以设想与顶棚相对的地面为整片的镜面,顶棚的所有形象都可以映射在镜面上,这镜面就是投影面,镜面呈现的图像就是顶棚的正投影图。这样绘制顶棚平面图的图法叫镜像视图法,如图2-6所示。用此方法绘出的顶棚平面图所显示的图像,其纵横轴线排列与平面图完全一致,便于相互对照,更易于清晰识读。

二、顶棚平面图的作用和内容

顶棚平面图主要是表现室内顶棚上的装饰造型、设备布置、标高、尺寸、材料运用等内容,在建筑设计中一般不画顶棚平面,而装饰设计中必须画出顶棚平面,并应在顶棚平面上表示出

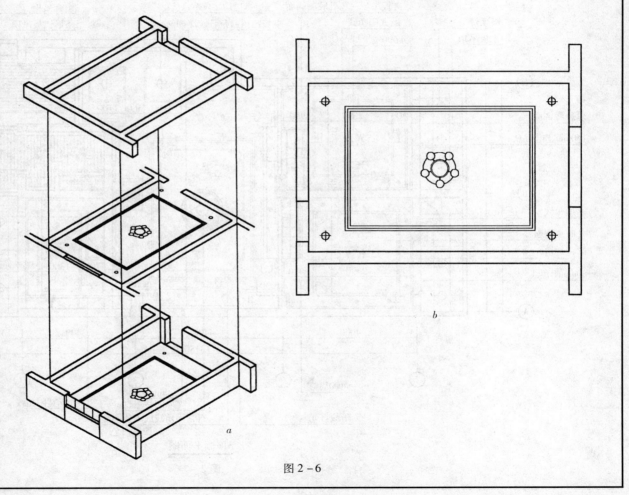

图2-6

造型的方法、各种设施的位置以及它们之间的距离尺寸,在装饰设计施工图的顶棚平面中还应标明顶棚的用材、做法、灯具的大小、型号以及各部位的尺寸关系等,如图2-7所示。在绘制顶棚平面图时,门窗可省去不画,只画墙线,直通顶棚的高柜等家具常以"⌧"表示。顶棚平面的图名的表示位置及方法同平面图。

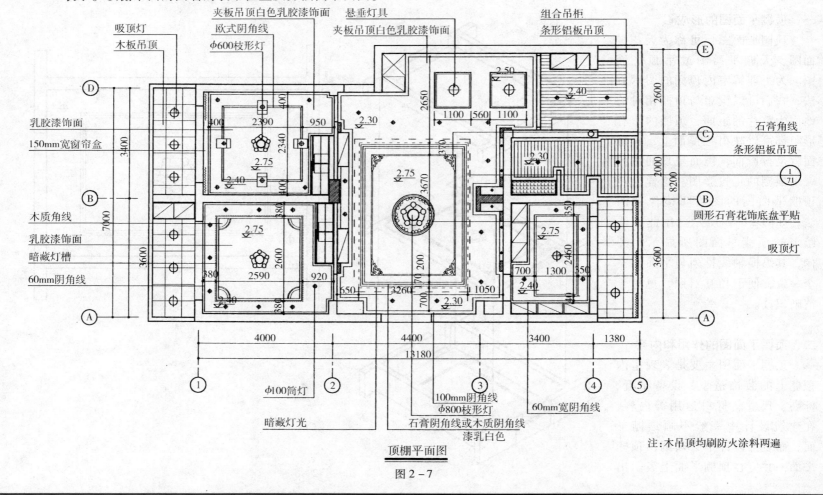

顶棚平面图

图2-7

当平面图、顶棚图的图形和设计内容对称时,可将平面图和顶棚平面图组合绘制,如图2-8所示。

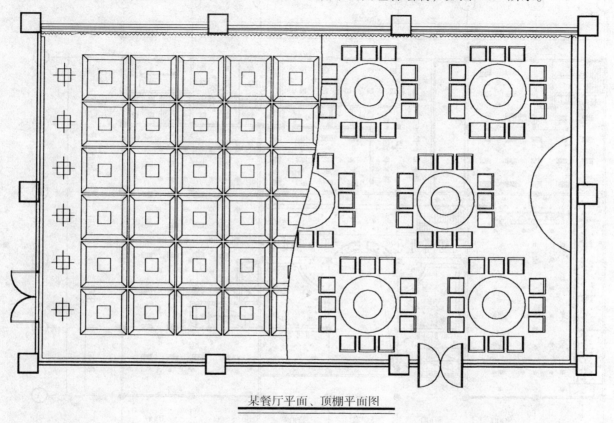

某餐厅平面、顶棚平面图

图2-8

另外,在装饰设计和施工中为了协调水、电、空调、消防等各种工种的布点定位。装饰设计中可绘制出顶棚综合布点图。在该图中应将灯具、喷淋头、风口及顶棚造型的位置都标注清楚。顶棚综合布点图的设计原则为:一是不违反各种规范要求;二是各布点不能发生冲突,要做到造型美观。顶棚综合布点图一般都由装饰设计师完成。见图2-9。

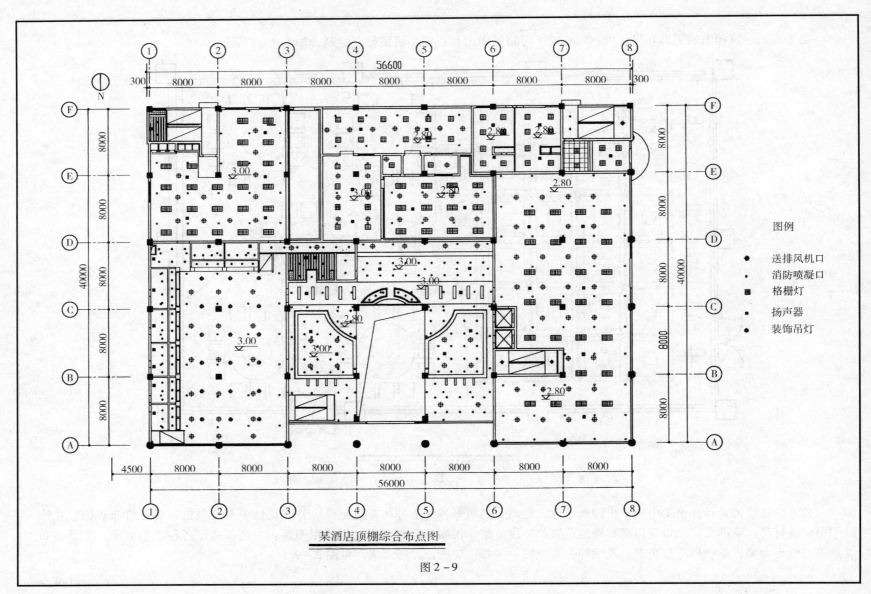

某酒店顶棚综合布点图

图 2-9

第四节 立 面 图

一、装饰立面图的形成

装饰立面图，是平行于室内各方向的垂直界面的正投影图，简称立面图，如图2-10为室内某一方向的立面图。

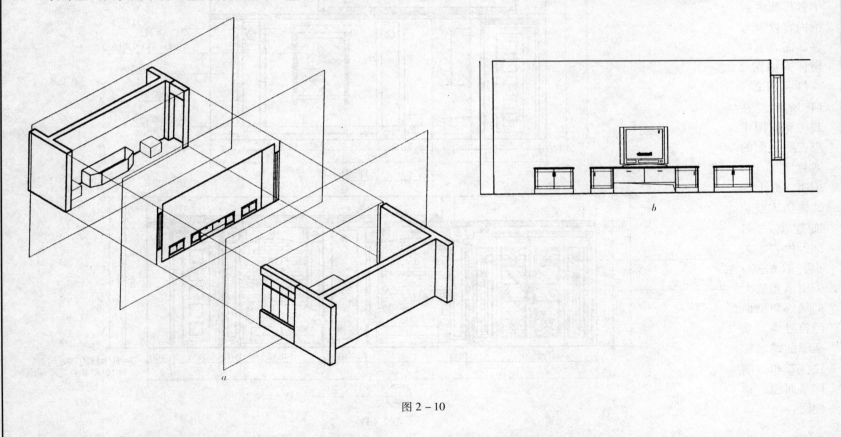

图 2-10

二、装饰立面图的作用和内容

装饰立面图表现的图像大多为可见轮廓线所构成，它可以表现室内垂直界面及垂直物体的所有图像。

在建筑设计中对室内的立面，主要通过剖面来表示，建筑设计的剖面可以表明总楼层的剖面和室内部分立面图的状况，并侧重表现出剖切位置上的空间状态、结构形式、构造方法及施工工艺等。而装饰设计中的立面图（特别是施工图）则要表现室内某一房间或某一空间中各界面的装饰内容以及与各界面有关的物体，如图2-11～图2-14所示。在装饰立面图中应表明立面的宽度和高度；表明立面上的装饰物体或装饰造型的名称、内容、大小、做法等；表明需要放大的局部和剖面的符号等。立面图的图名标注位置和方法同平面图、顶棚图。

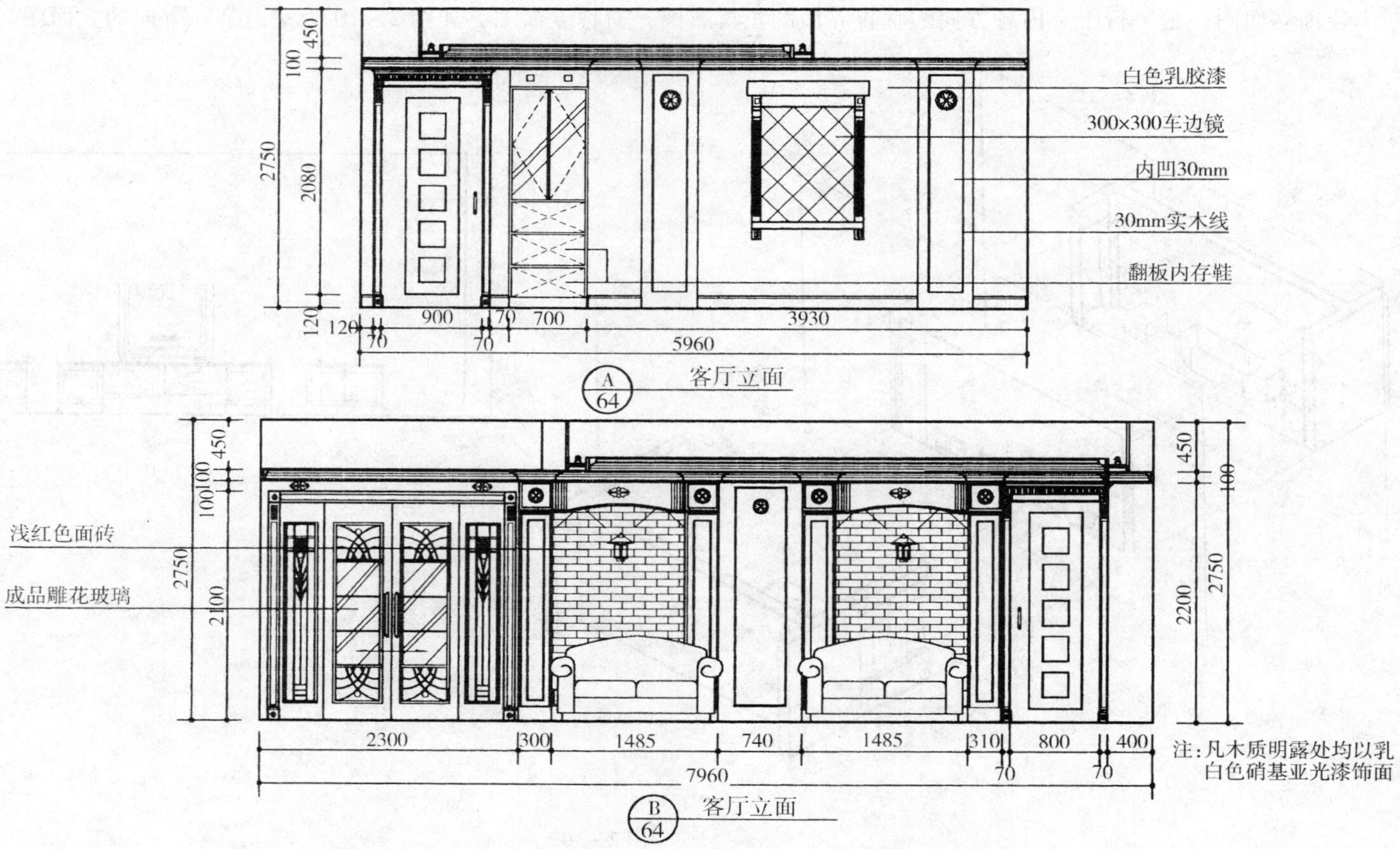

白色乳胶漆
300×300车边镜
内凹30mm
30mm实木线
翻板内存鞋
450
100
2750
2080
120
900
70
700
3930
5960
A
64
客厅立面
浅红色面砖
成品雕花玻璃
2100
2200
2300
300
1485
740
310
800
400
7960
注：凡木质明露处均以乳白色硝基亚光漆饰面
B
64
客厅立面

图2-11

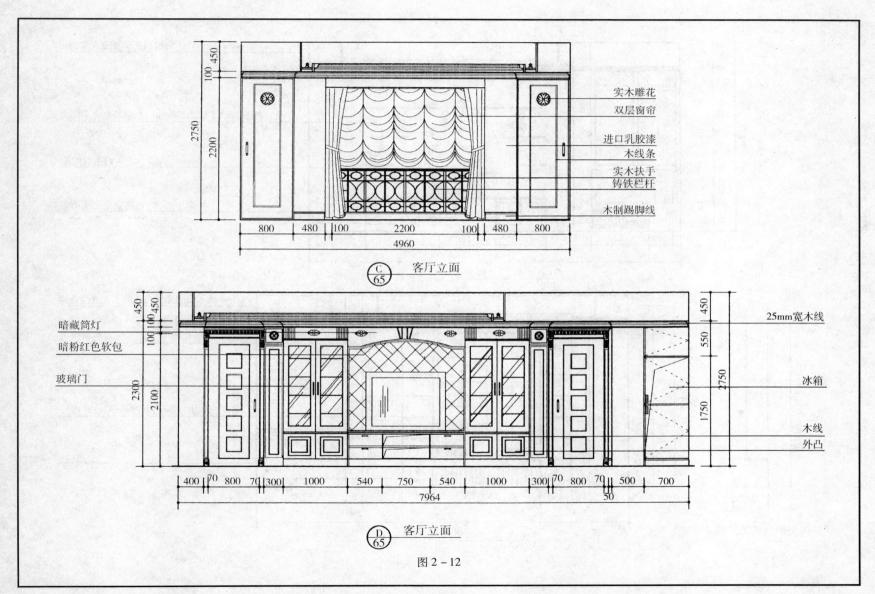

图 2-12

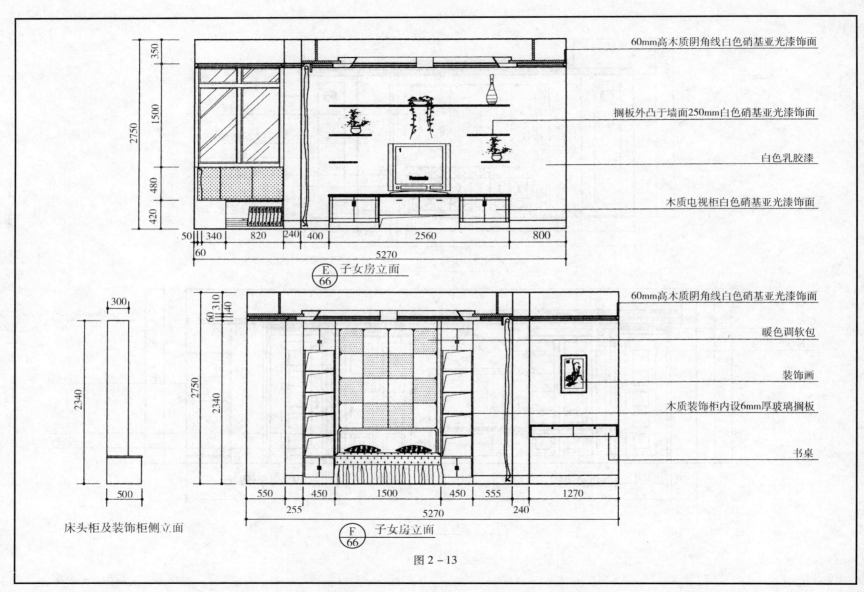

图 2-13

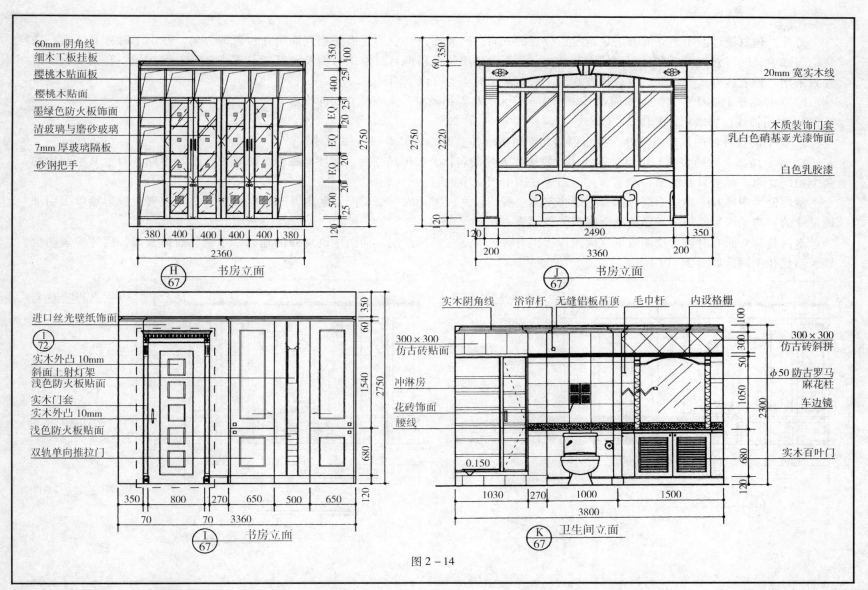

图 2-14

另外,建筑设计图中的立面方向是指投影位置的方向,而装饰设计中的立面是指立面所在位置的方向,在识图时务必注意。在装饰图纸中,同一立面可有多种不同的表达方式,各个设计单位可根据自身作图习惯及图纸的要求来选择,但在同一套图纸中,通常只采用一种表达方式。在立面的表达方式上,目前常用的主要有以下四种:

1. 在装饰平面图中标出立面索引符号,用 A、B、C、D 等指示符号来表示立面的指示方向,如图 $2-15a$;
2. 利用轴线位置表示,如图 $2-15b$;
3. 在平面设计图中标出指北针,按东西南北方向指示各立面,如图 $2-15c$;
4. 对于局部立面的表达,也可直接使用此物体或方位的名称,如屏风立面、客厅电视柜立面等,如图 $2-15d$。对于某空间中的两个相同立面,一般只要画出一个立面,但需要在图中用文字说明。

室内设计中还有一种立面展开图,它是将室内一些连续立面展开成一个立面,室内展开立面图尤其适合表现正投影难以表明准确尺寸的一些平面呈弧形或异形的立面图形,如图 $2-16$ 所示。

室内装饰立面有时也可绘制成剖立面图像,也有称之为剖立面图。剖立面图中剖切到的地面、顶棚、墙体及门、窗等应表明位置、形状和图例,如图 $2-17$ 所示。

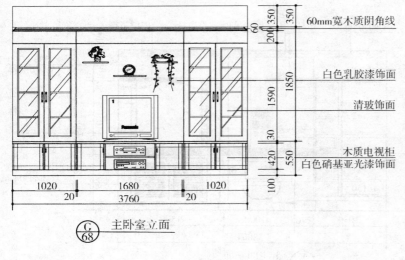

图 $2-15a$

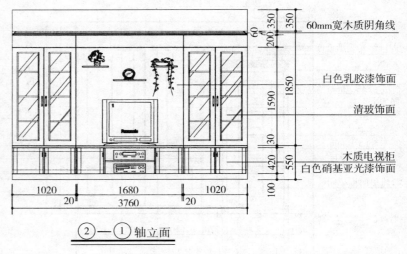

图 $2-15b$

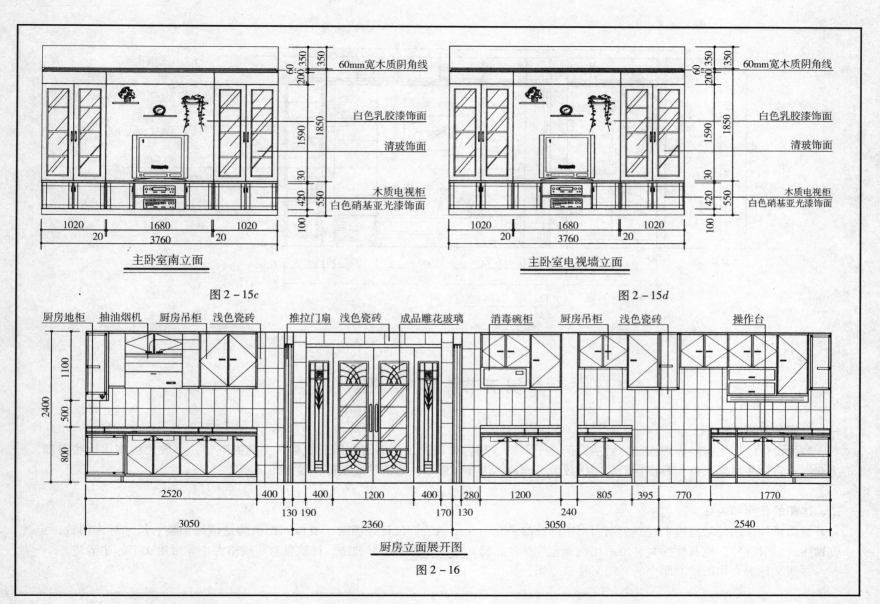

图 2-15c

图 2-15d

厨房立面展开图

图 2-16

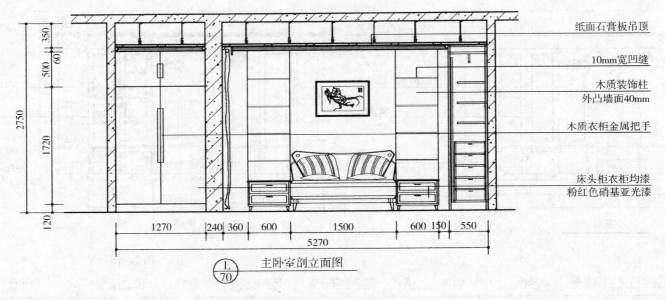

图 2-17

第五节 详 图

一、详图的形成

装饰设计施工图需要表现细部的做法,但在平面图、顶棚平面图、立面图中因受图幅、比例的限制,一般无法表达这些细部,为此必须将这些细部引出,并将它们的比例放大,绘制出内容详细、构造清楚的图形,即详图(图 2-18)。

二、详图的作用和内容

装饰设计详图是对室内平、立、剖面图中内容的补充。在绘制装饰设计详图时,要做到图例构造清晰明确、尺寸标注细致,定位轴线、索引符号、控制性标高、图示比例等也应标注正确。对图样中的用材做法、材质色彩、规格大小等可用文字标注清楚。

详图又称为大样图,剖面中的详图又称节点图,如图 2-19 所示。

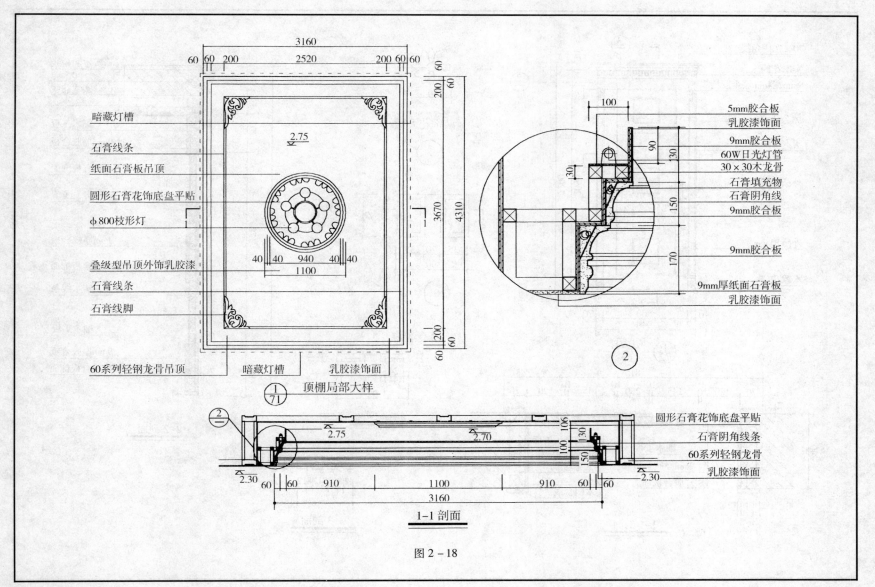

图 2-18

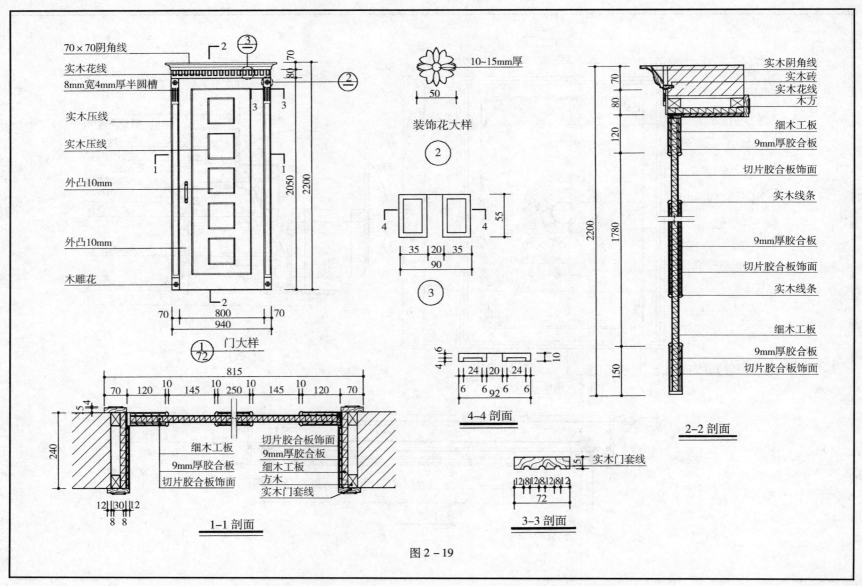

图 2-19

第三章　装饰工程识图实例

前两章主要介绍装饰工程制图的基本知识和制图内容，这对于正确阅读装饰工程图纸是一个基础。在此基础上，本章试图通过集中列举工程实例图，来帮助读者进一步提高对装饰工程图纸的识读能力。

本章介绍的装饰工程实例，有方案图，也有施工图，剖分实例还附有效果图。虽然这些实例的表示方法不尽一致，但都是目前国内装饰设计行业中约定俗成的方法。同时这些方法也都是进一步对前两章中各种观点的佐证。读者在阅读本章图例时，应紧密联系前两章中所介绍的内容。

本章介绍的装饰工程实例，虽然不能作为优秀的制图范例，但可以使读者对完整的装饰工程图纸有所了解。同时这些工程实例也反映了各类工程的设计思路和内容，对于学习装饰设计有一定的参考价值。

一、宾馆装饰设计方案图（图3-1～图3-8）

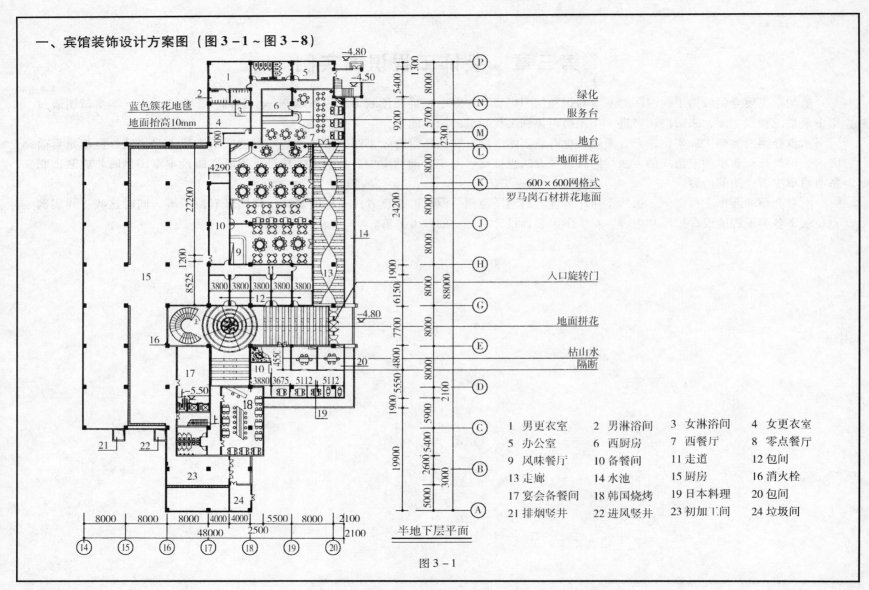

图 3-1

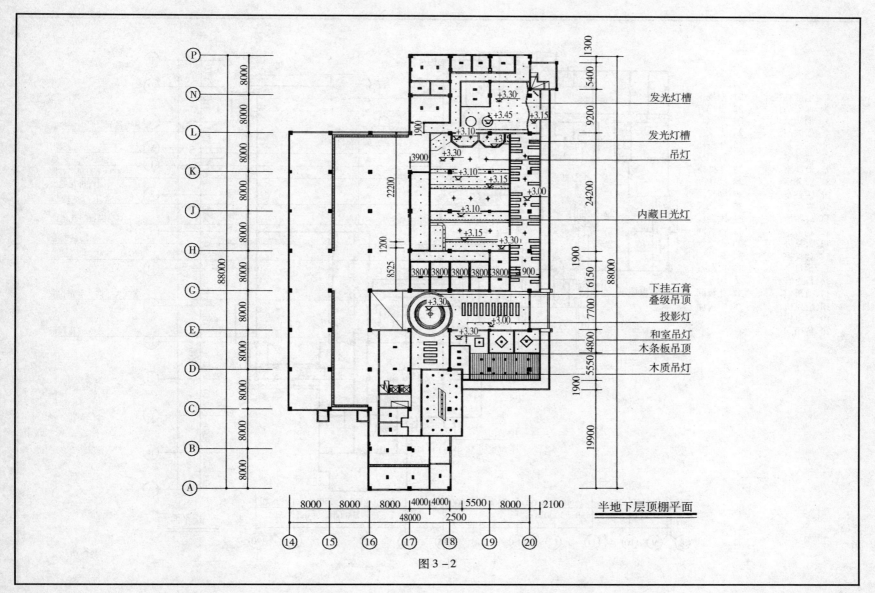

图 3-2

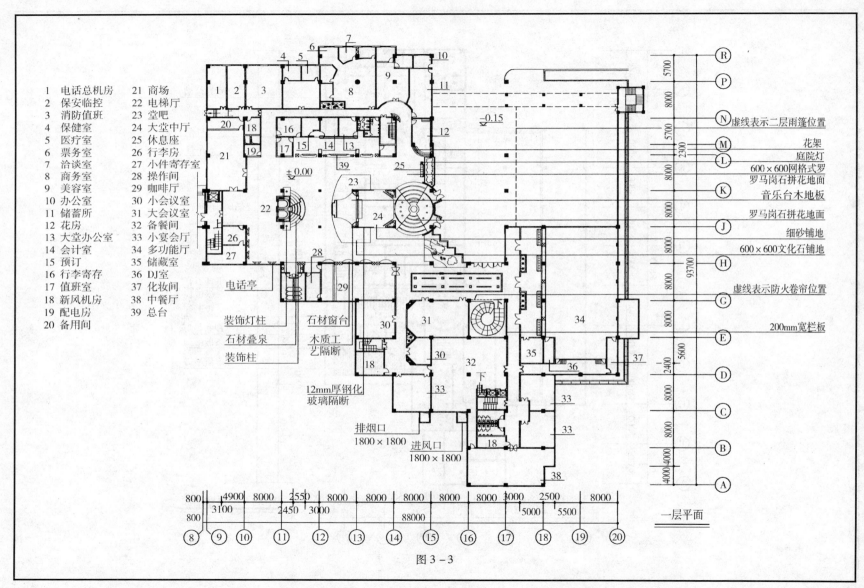

图 3-3

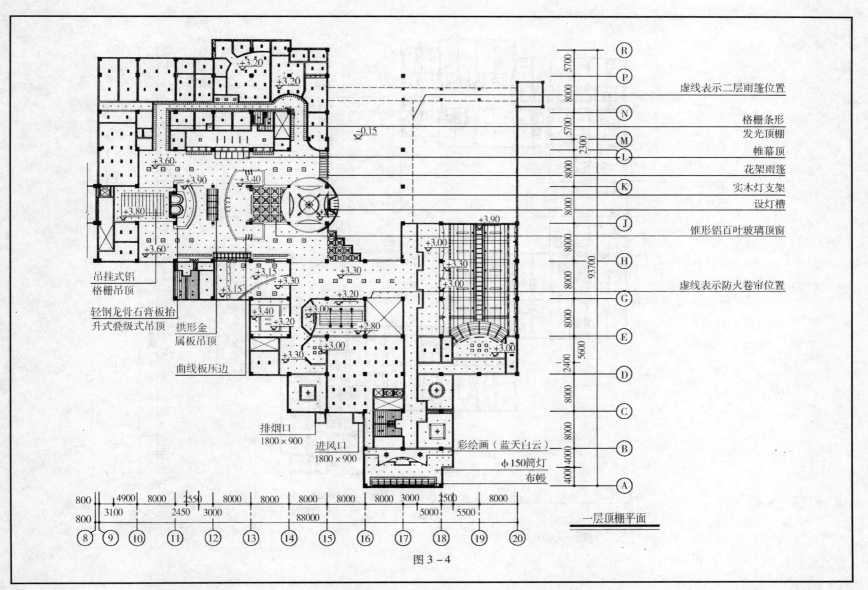

图 3-4 一层顶棚平面

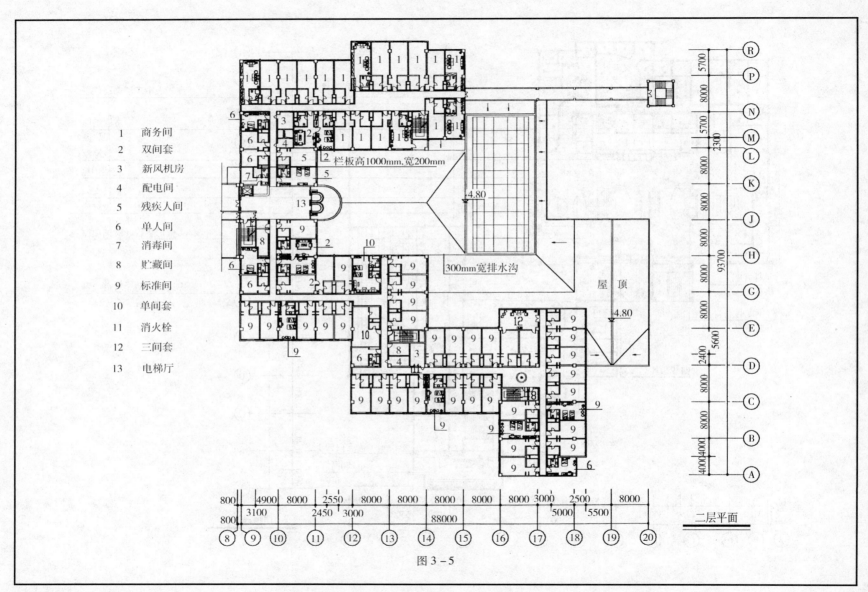

图 3-5

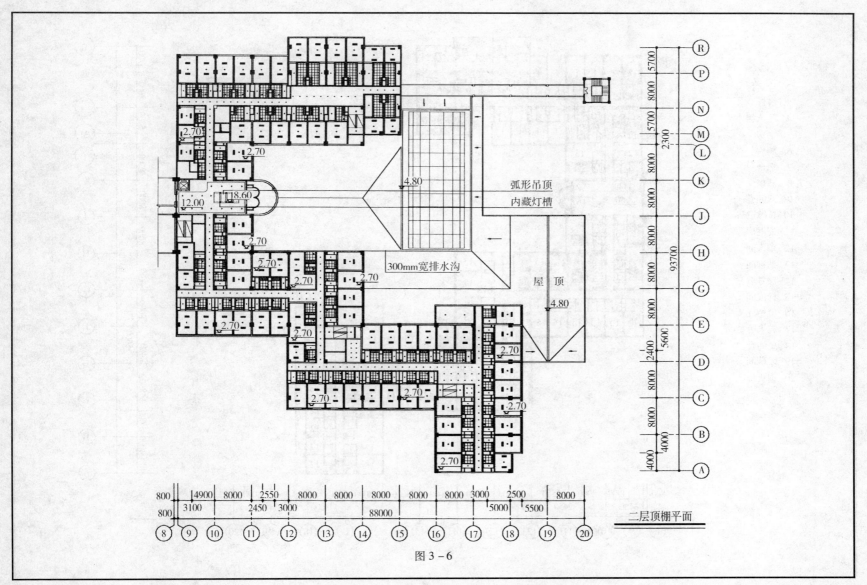

图 3-6

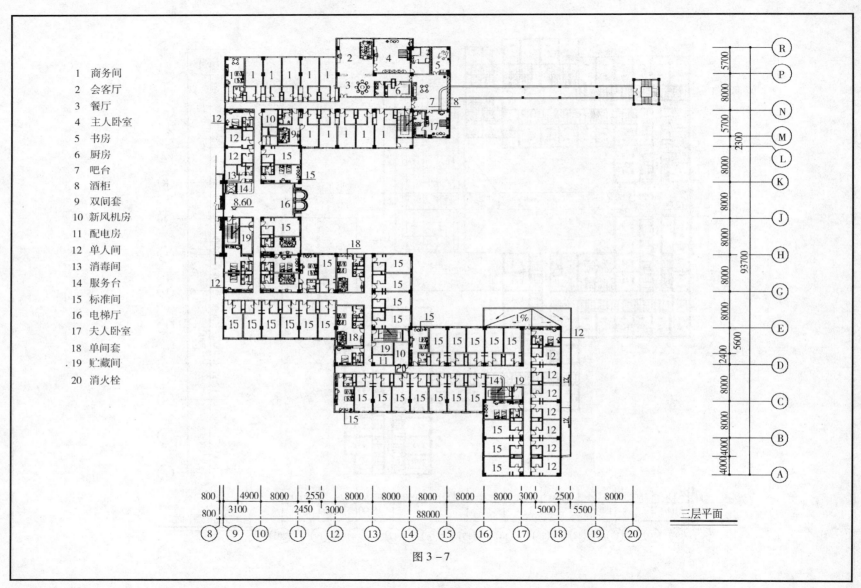

图 3-7

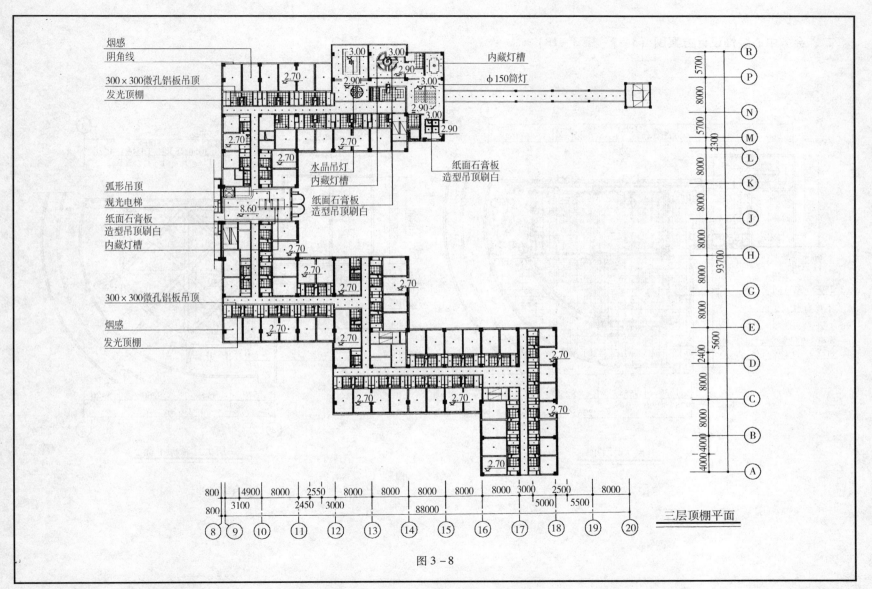

图 3-8

二、会务中心装饰设计方案图（图3-9～图3-18）

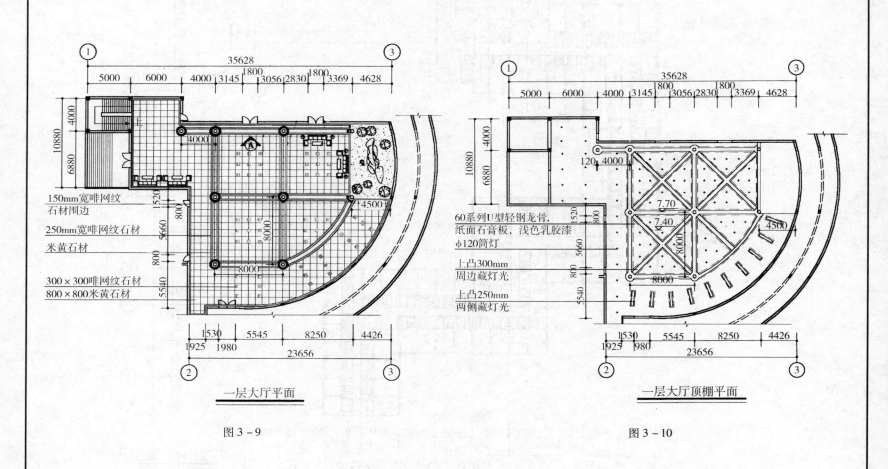

图 3-9　一层大厅平面

图 3-10　一层大厅顶棚平面

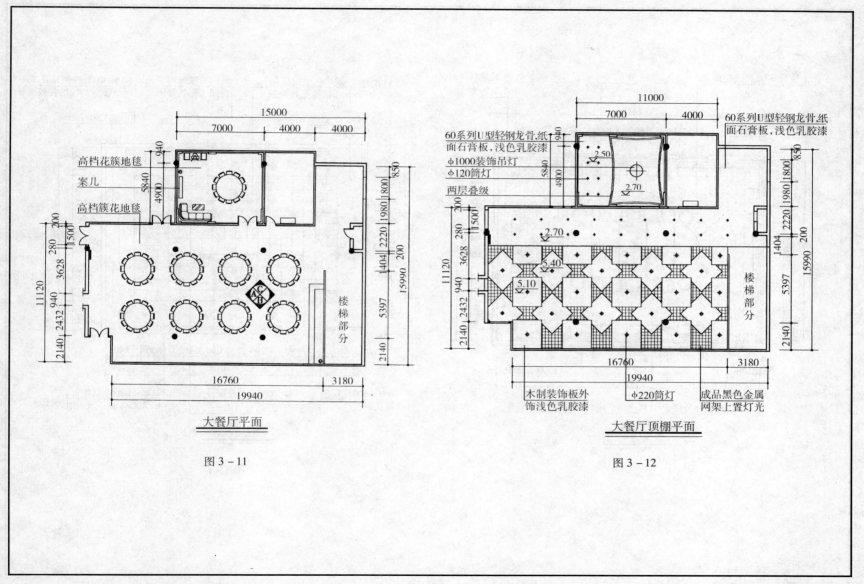

图 3-11 大餐厅平面

图 3-12 大餐厅顶棚平面

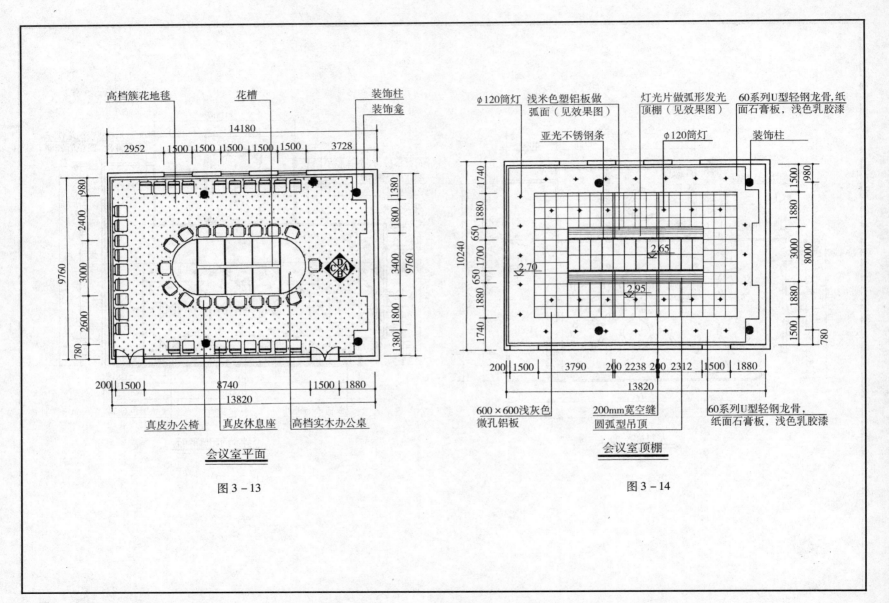

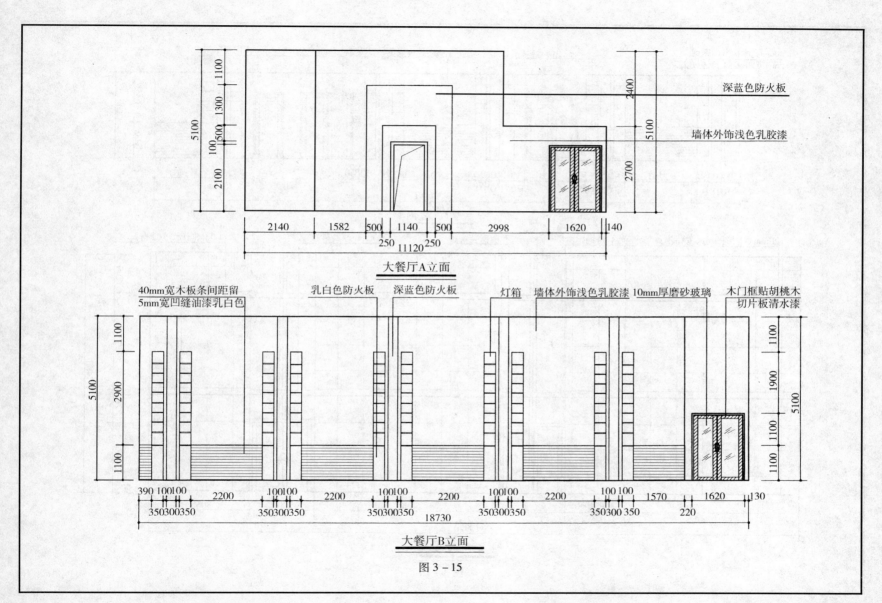

图 3-15

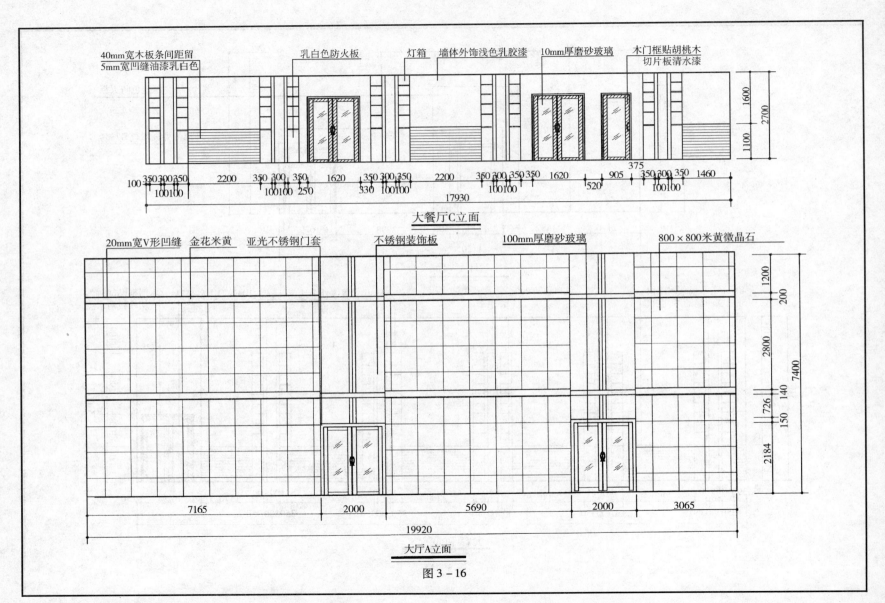

图 3-16

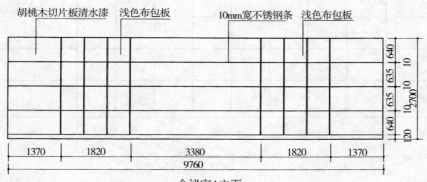

会议室A立面

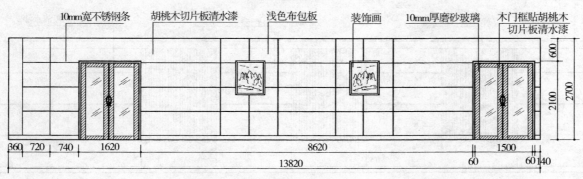

会议室B立面

图 3－17

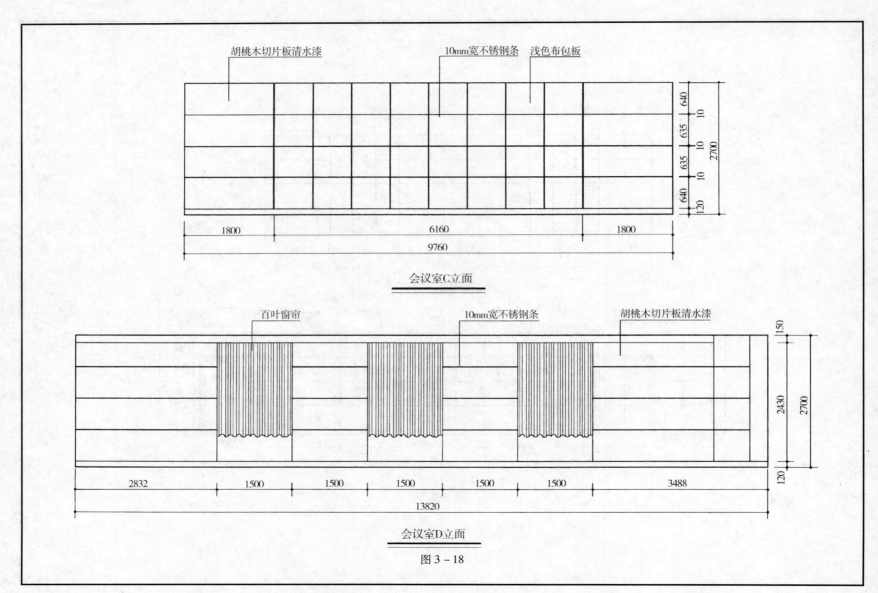

图 3-18

三、证券公司装饰设计方案图（图3-19～图3-31）

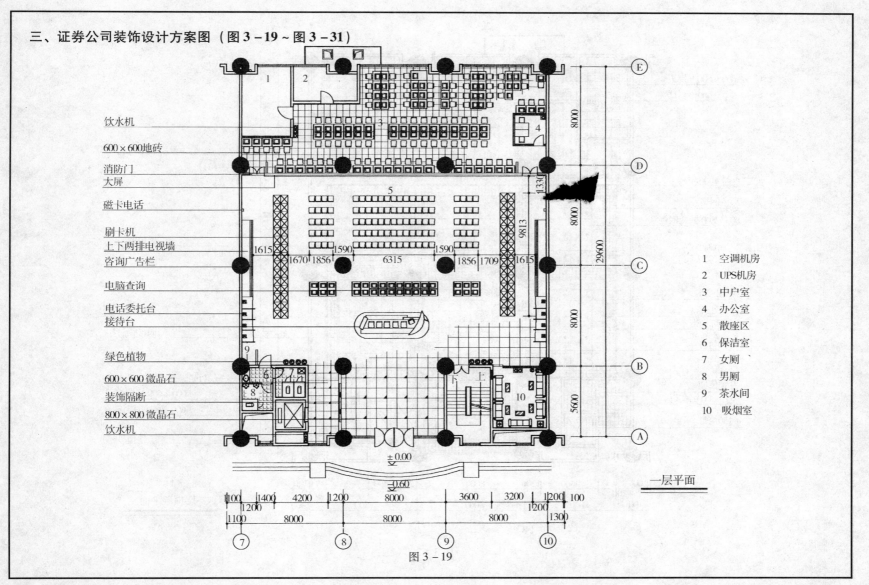

图3-19

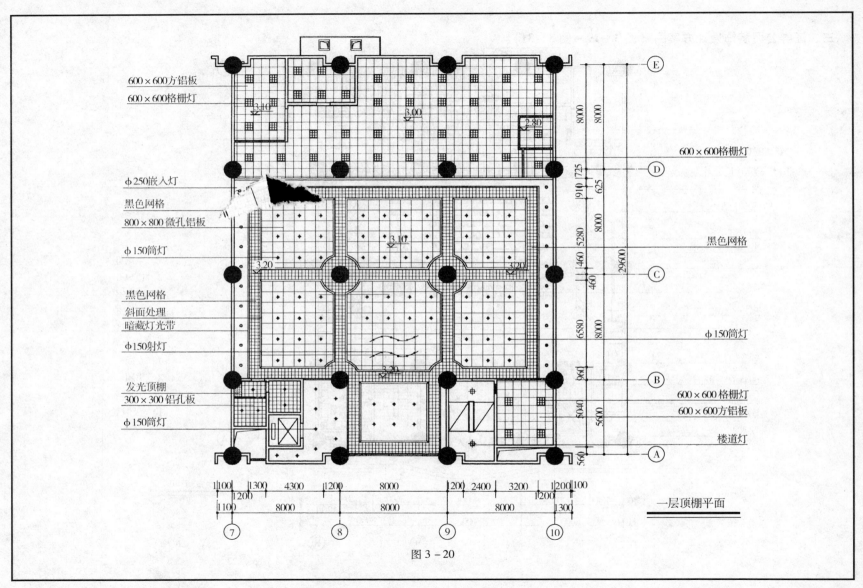

图 3-20

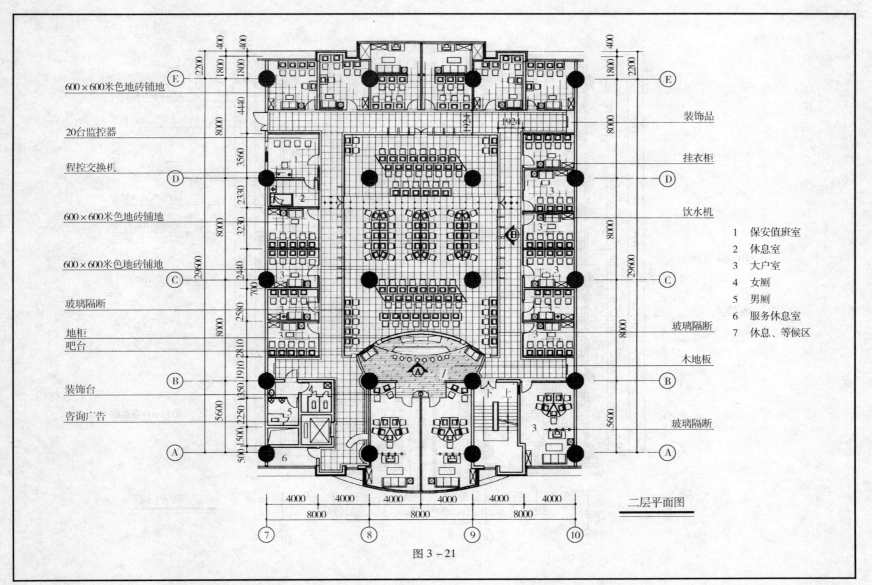

图 3-21

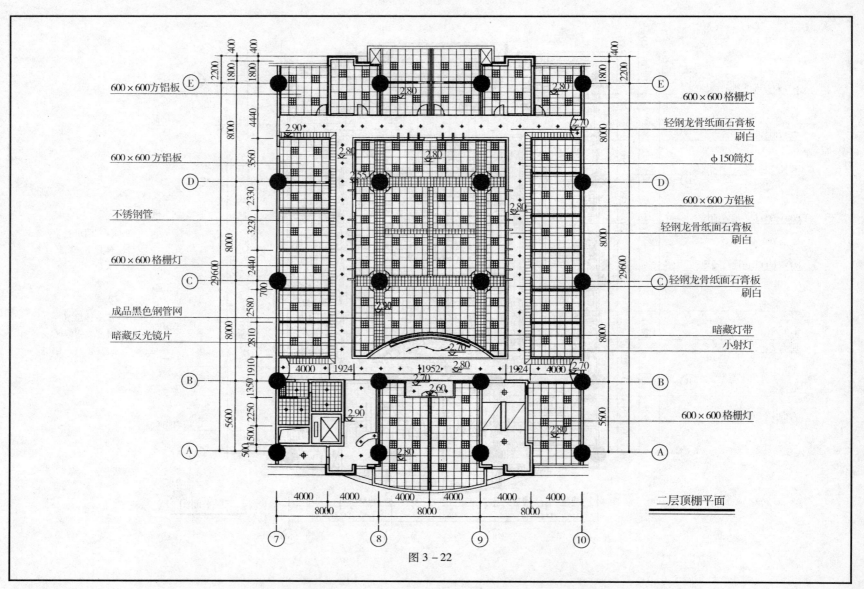

图 3-22 二层顶棚平面

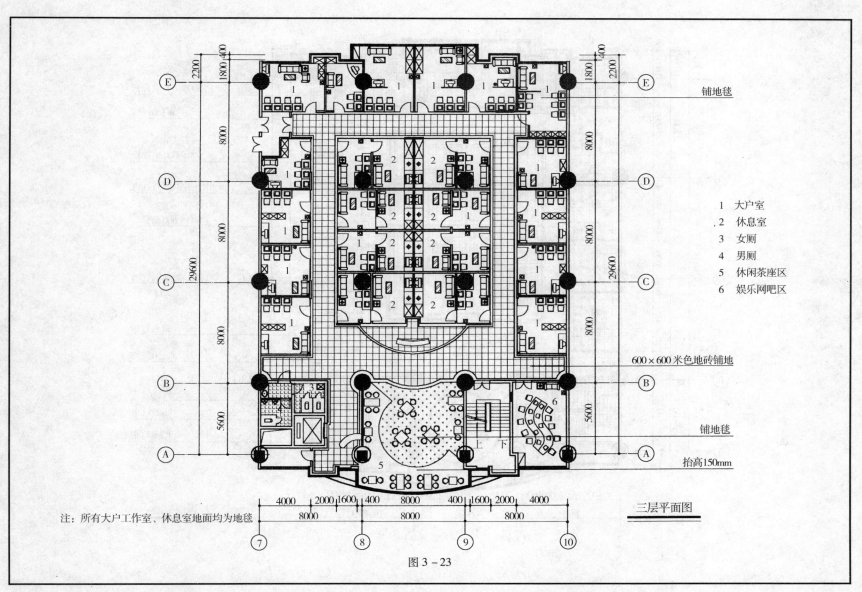

图 3-23

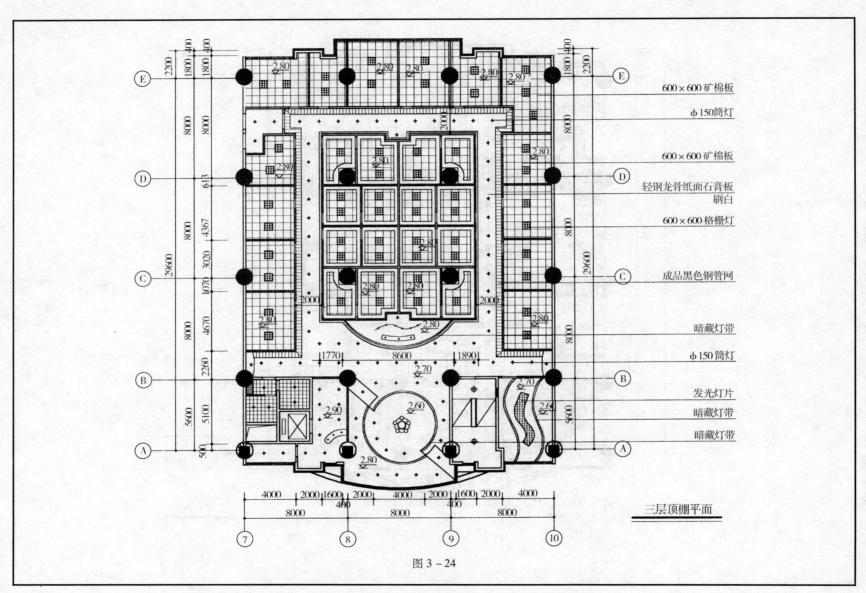

图 3-24

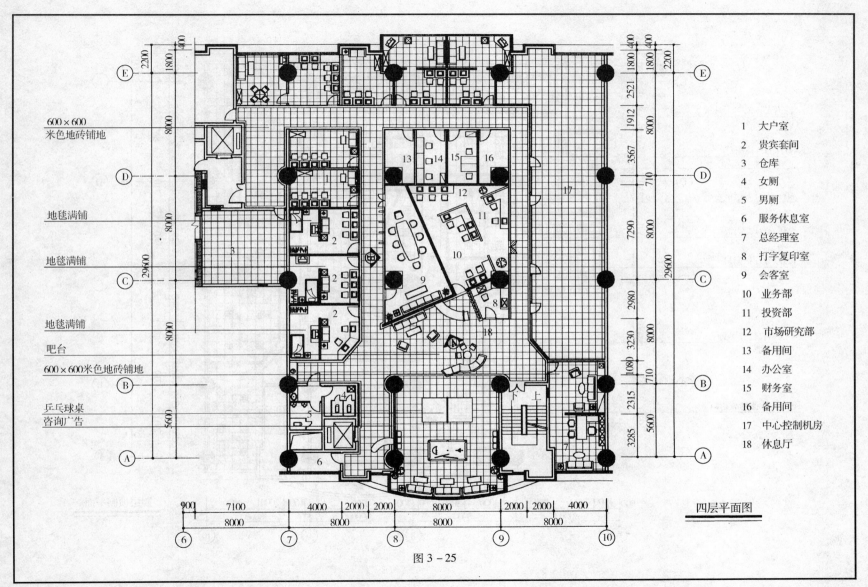

图 3-25　四层平面图

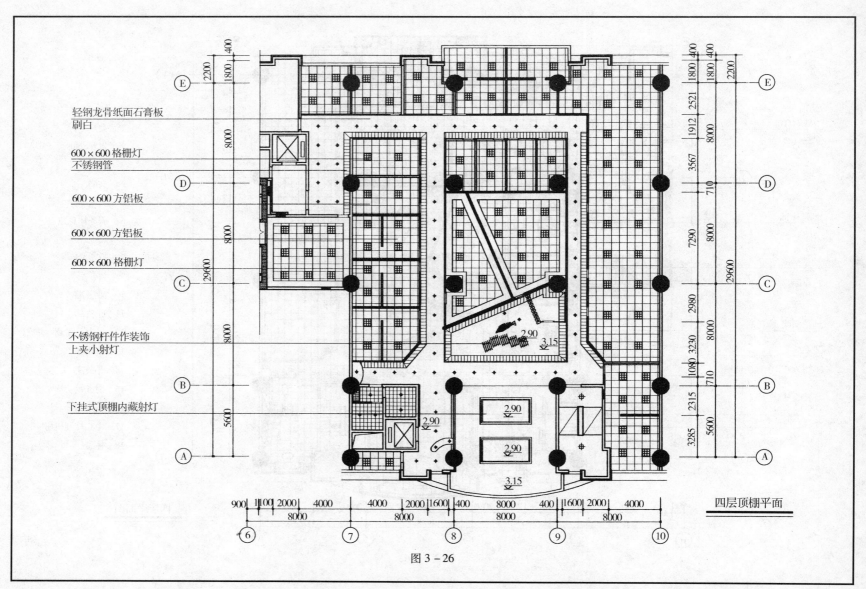

图 3-26

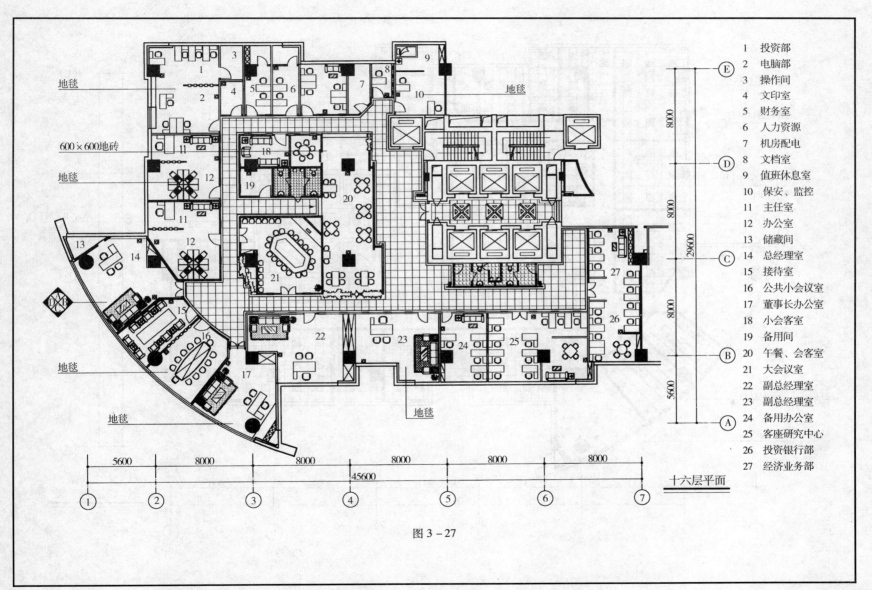

图 3-27

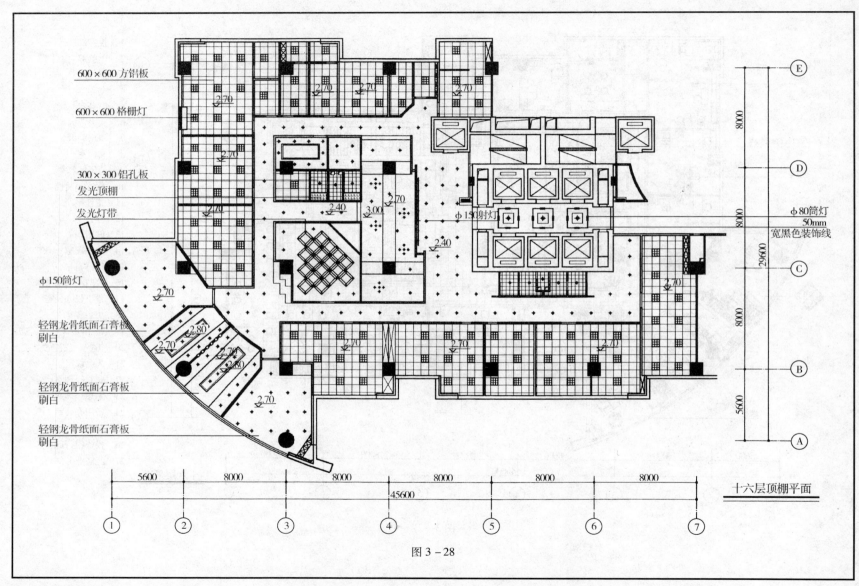

图 3-28

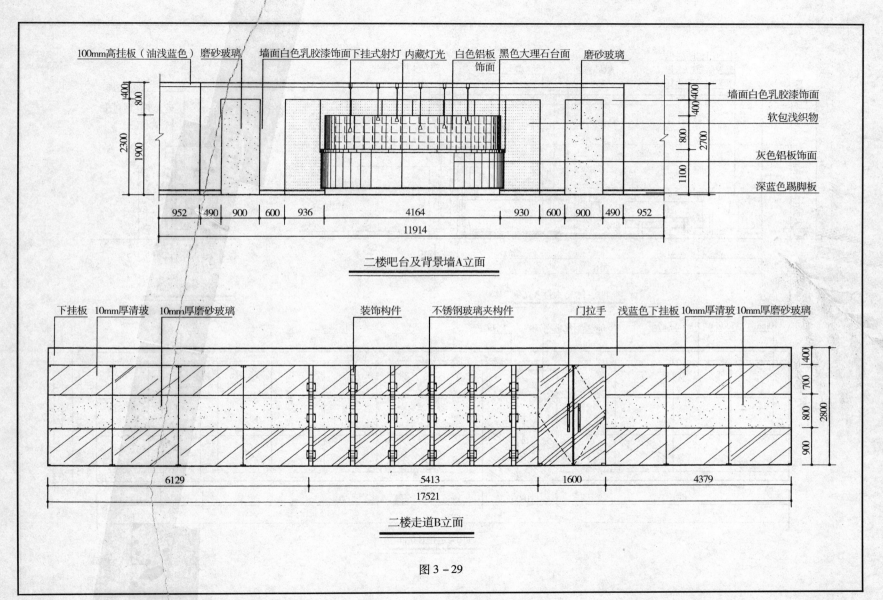

图 3-29

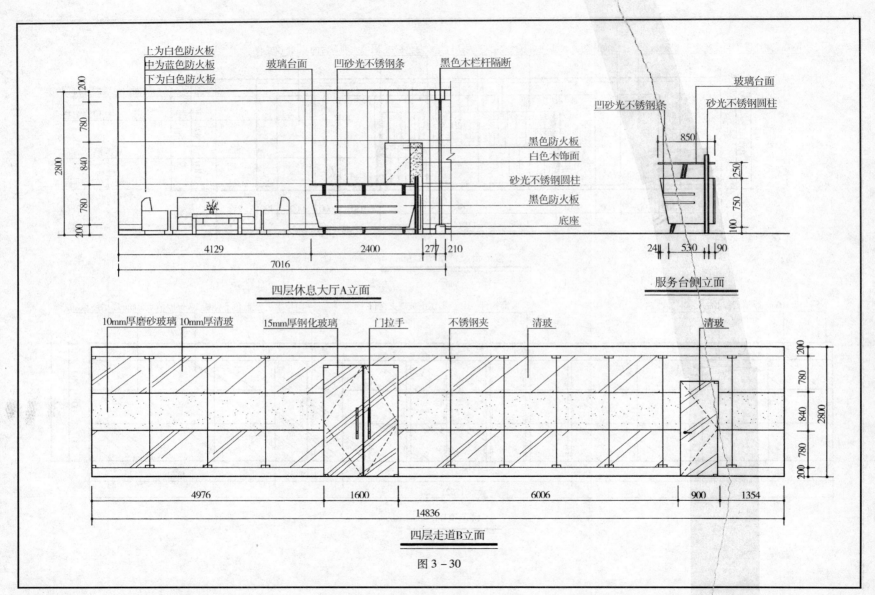

图 3-30

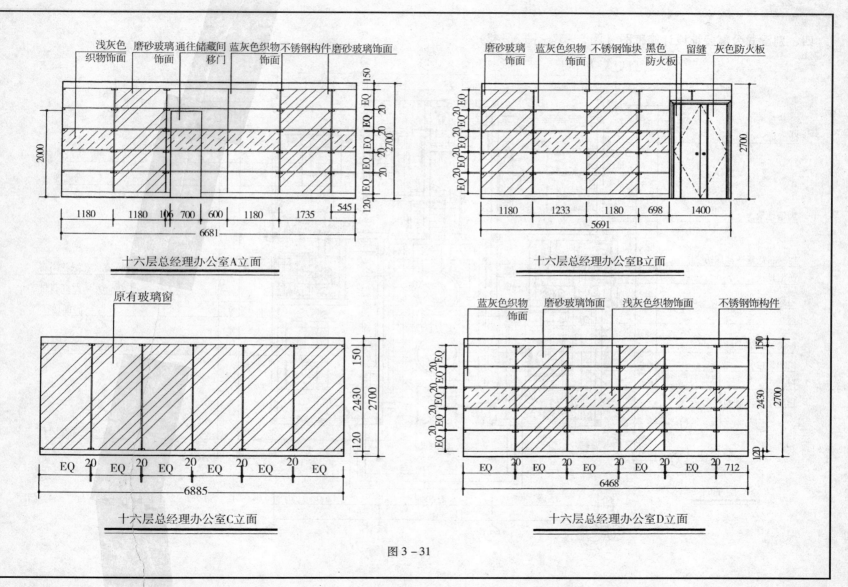

图 3-31

四、别墅式公寓装饰设计施工图（图3-32～图3-42）

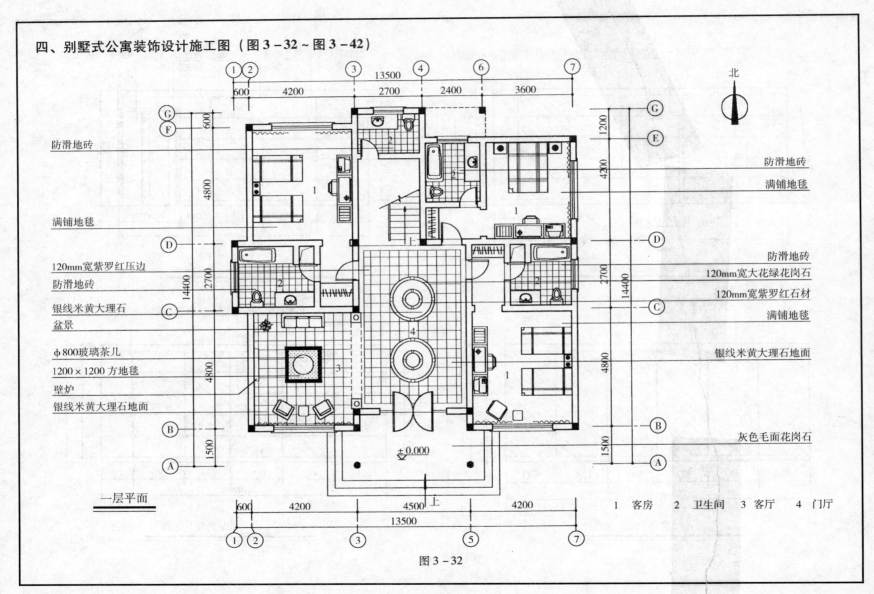

图 3-32

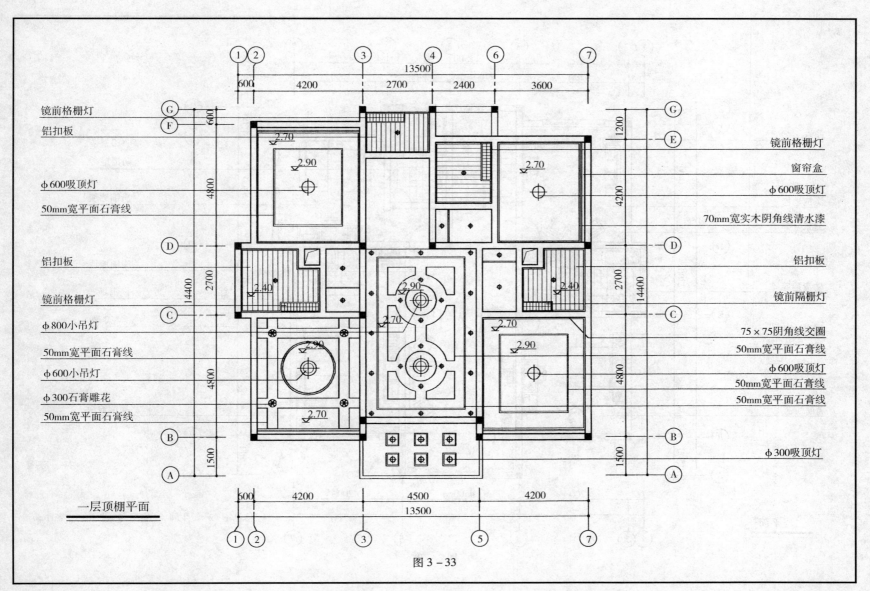

图 3-33

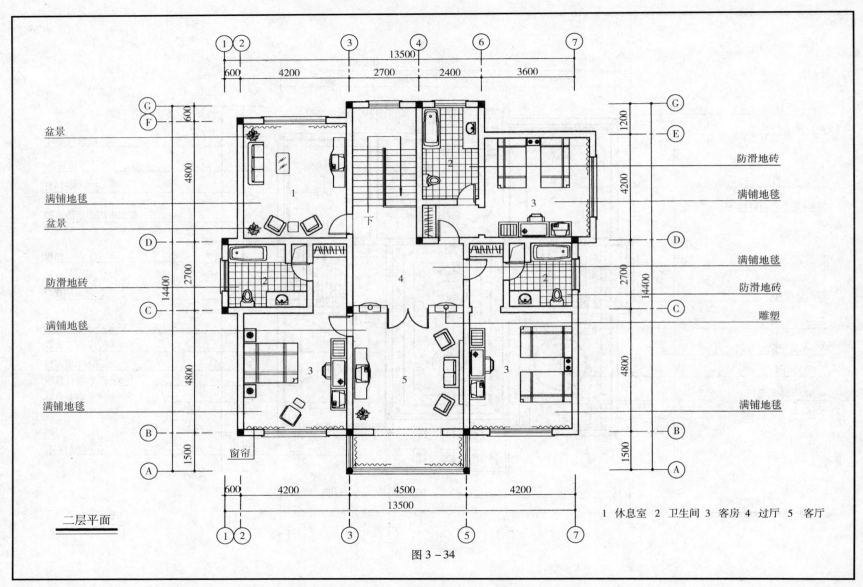

图 3-34

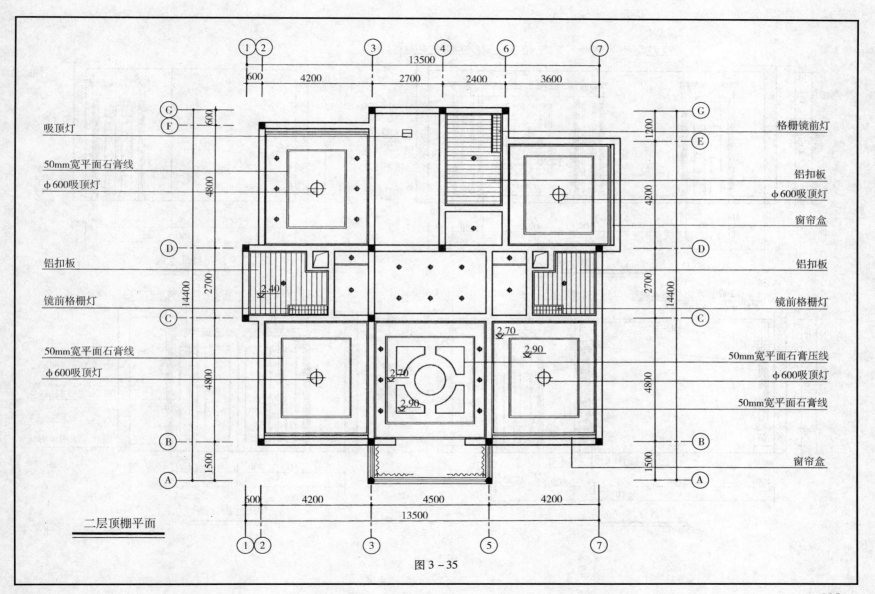

图 3-35

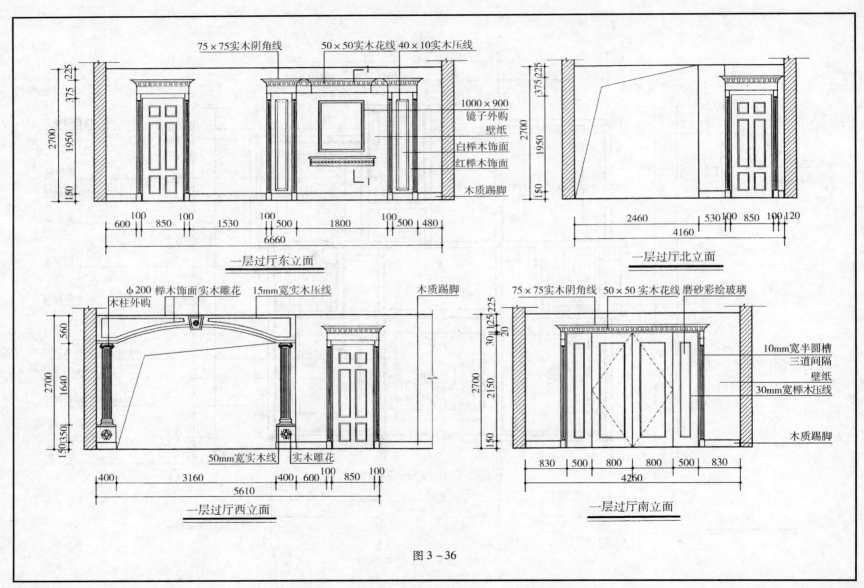

图 3-36

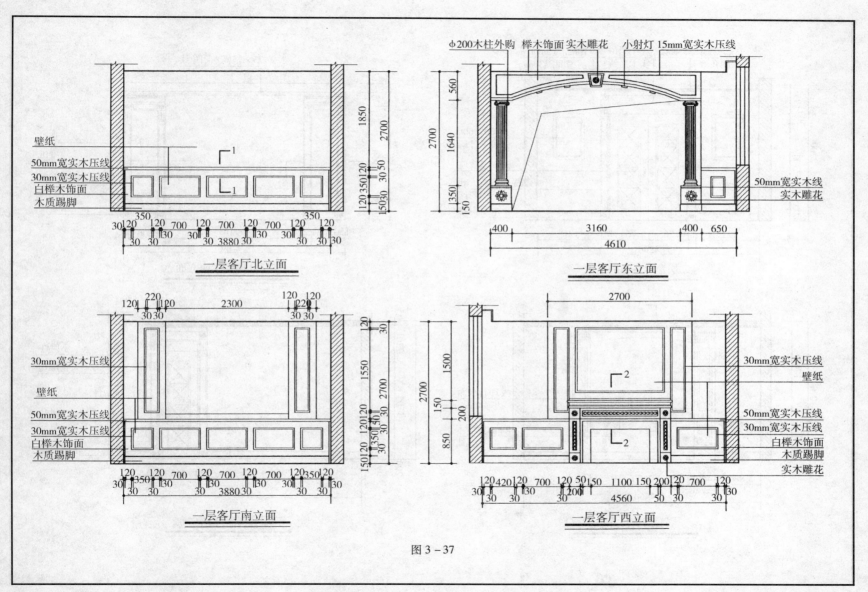

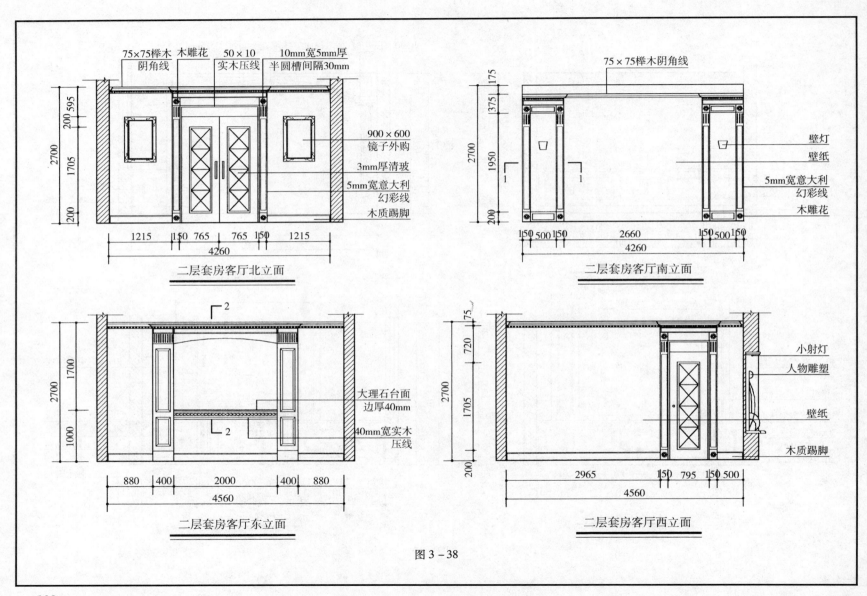

图 3-38

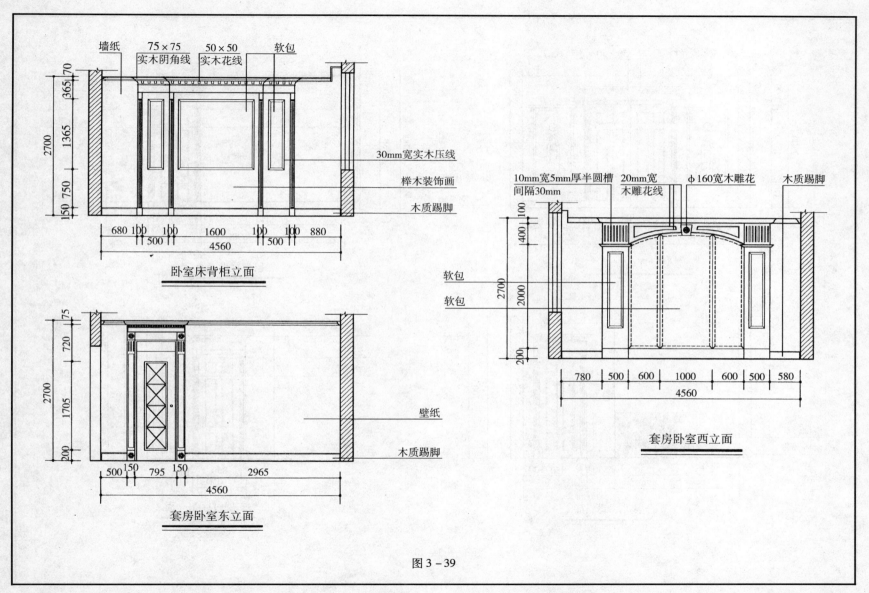

图 3-39

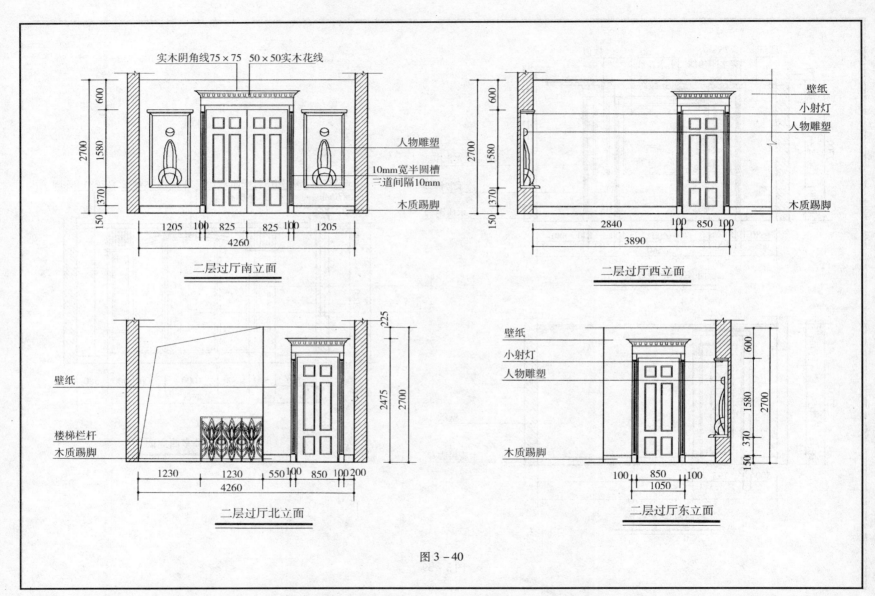

图 3-40

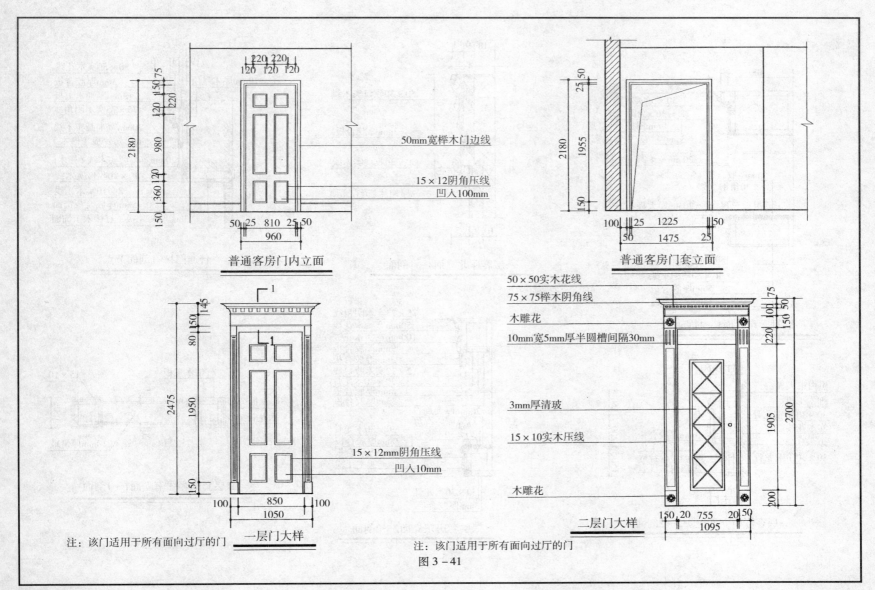

图 3-41

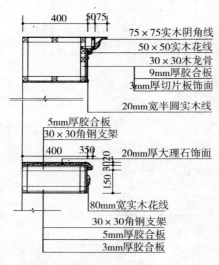

一层过厅东立面1—1剖面

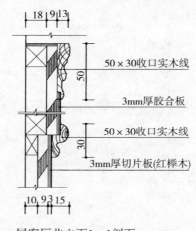

一层客厅北立面1—1剖面

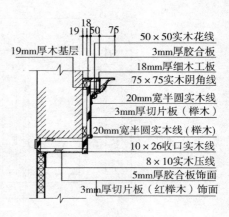

普通门1—1剖面节点

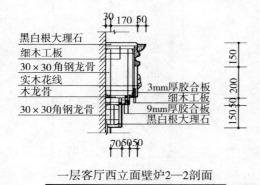

一层客厅西立面壁炉2—2剖面

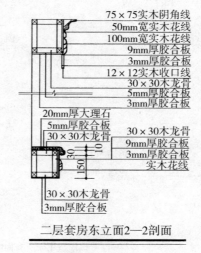

二层套房东立面2—2剖面

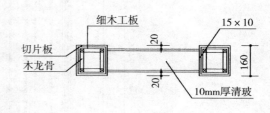

二层套房客厅南立面1—1剖面

图 3-42

五、家庭装饰设计施工图（图 3-43～图 3-49）

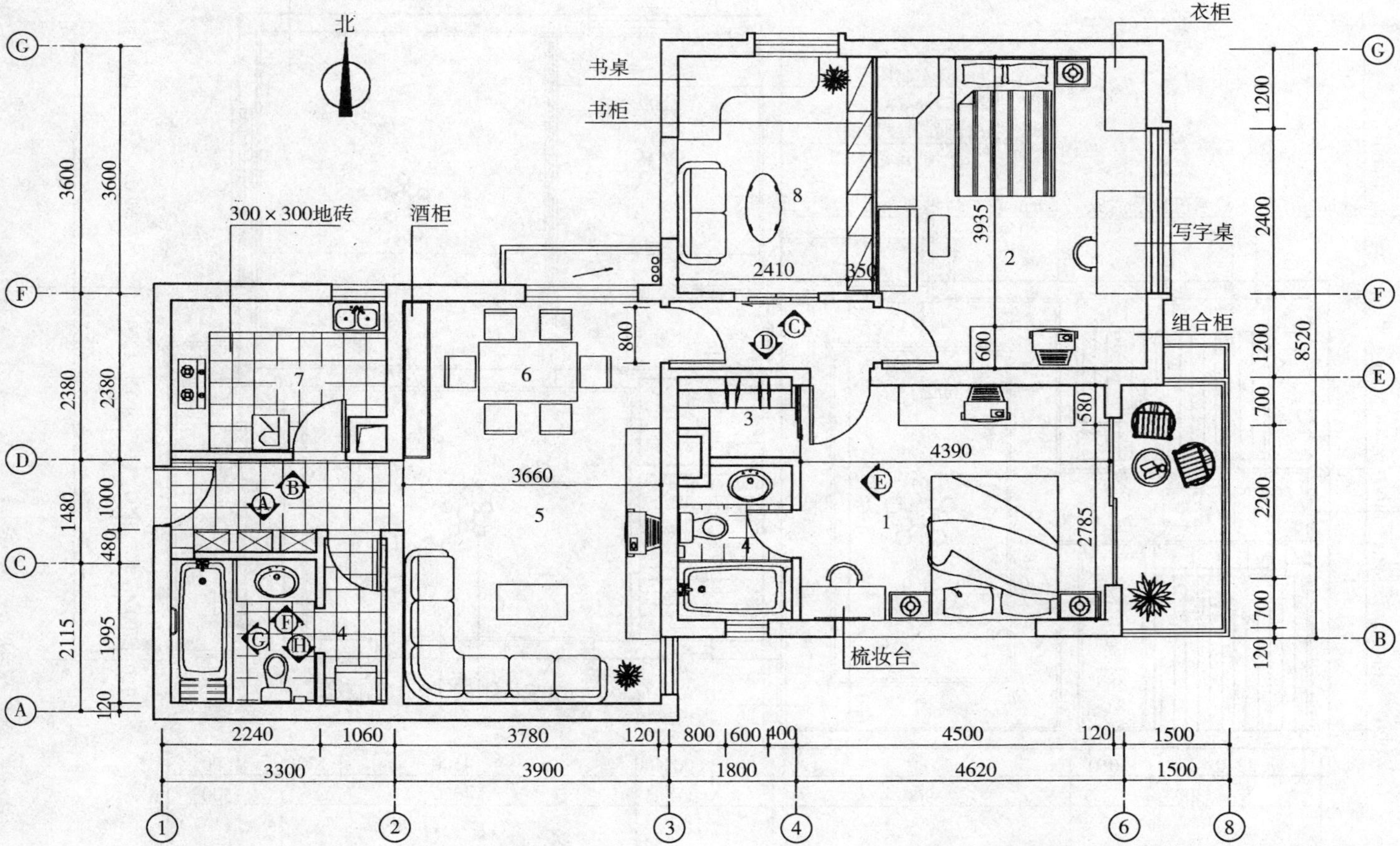

平面图

注：地面未注明处铺地板

1 主卧室 2 次卧室 3 衣帽间 4 卫生间 5 客厅 6 餐厅 7 厨房 8 书房

图 3-43

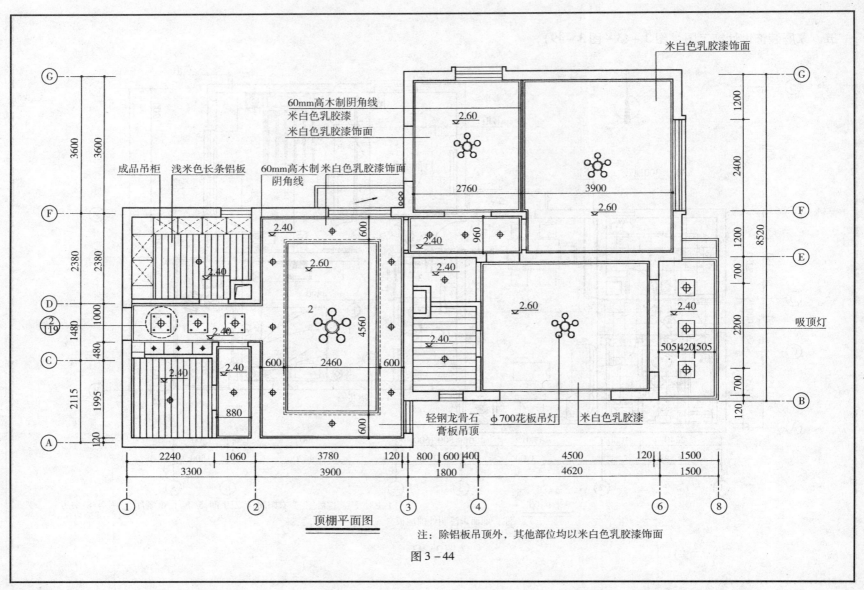

顶棚平面图

注：除铝板吊顶外，其他部位均以米白色乳胶漆饰面

图 3-44

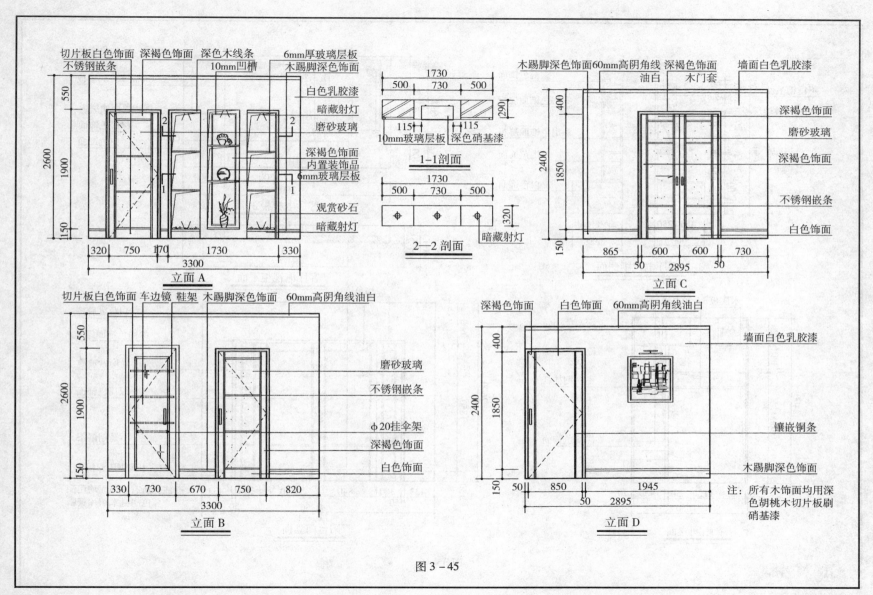

图 3-45

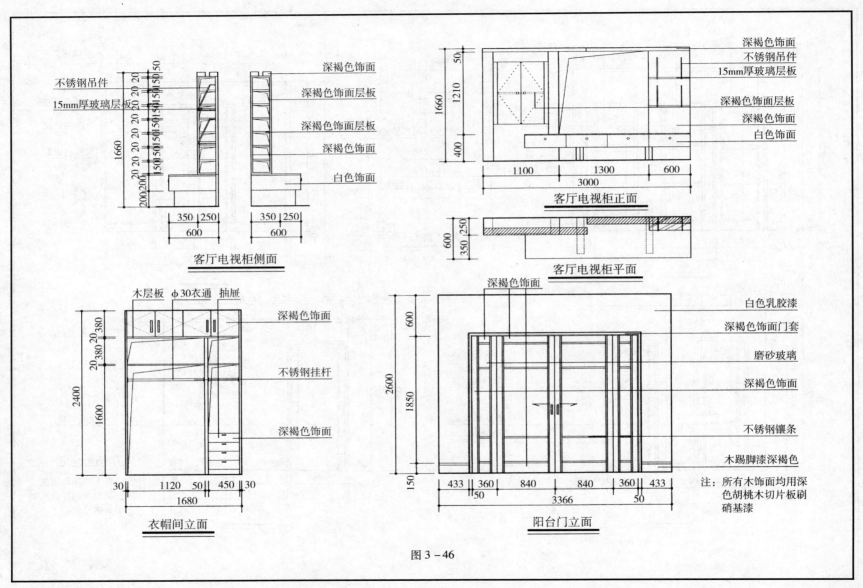

图 3-46

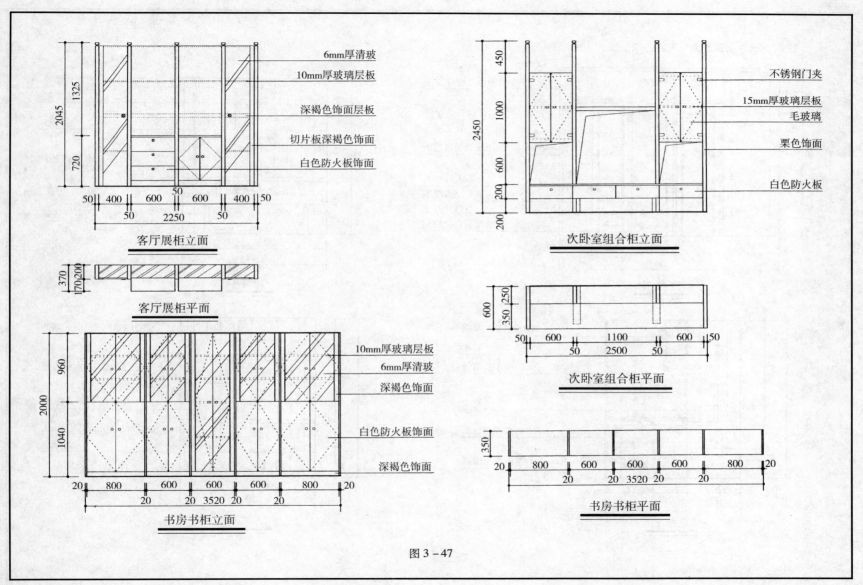

图 3-47

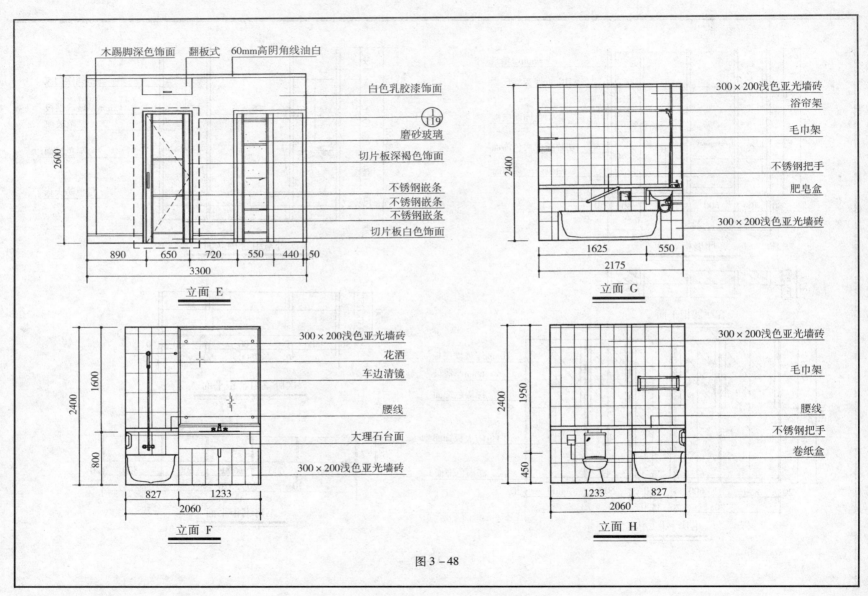

图 3-48

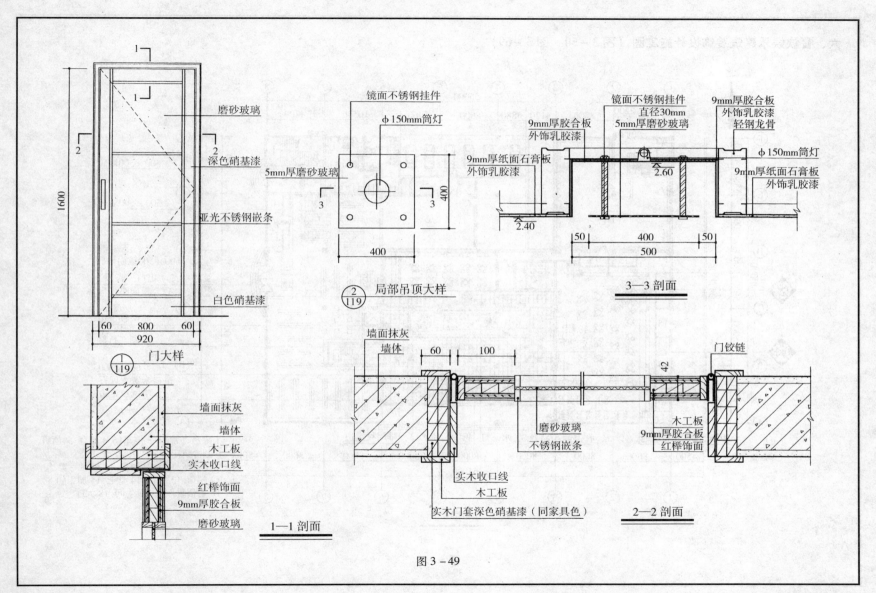

图 3-49

六、餐饮娱乐建筑装饰设计施工图（图3-50～图3-69）

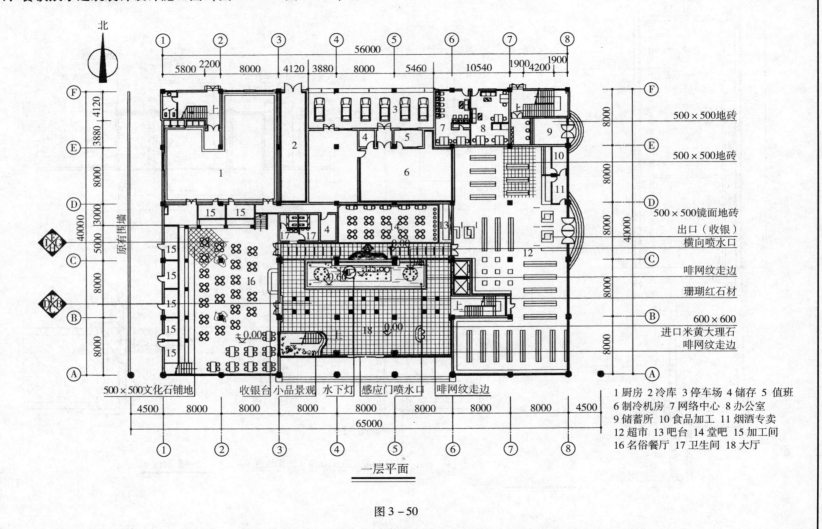

图3-50

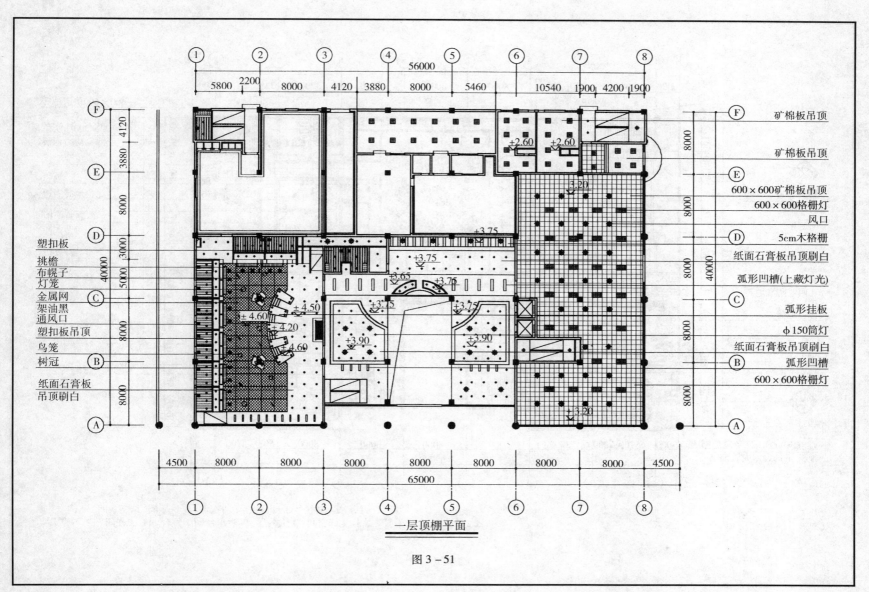

图 3-51

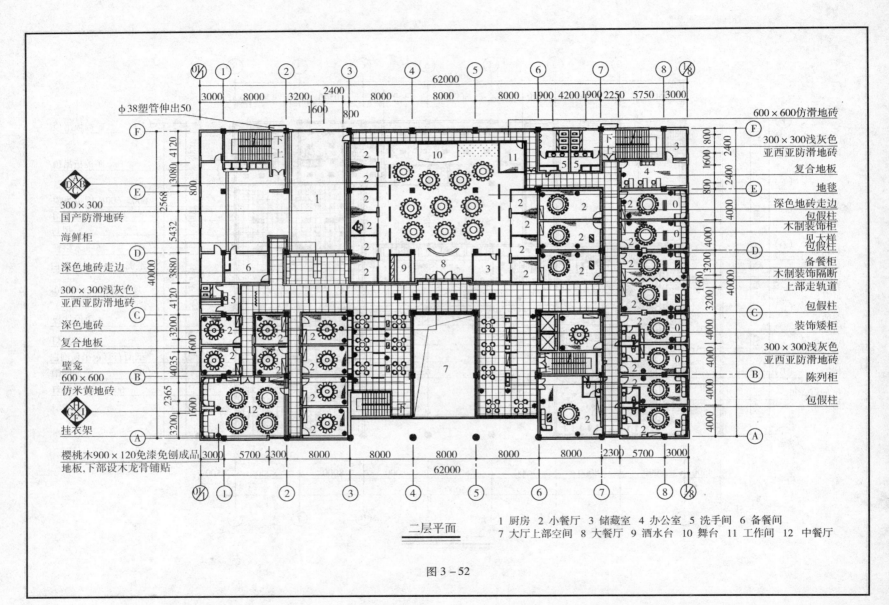

图 3-52

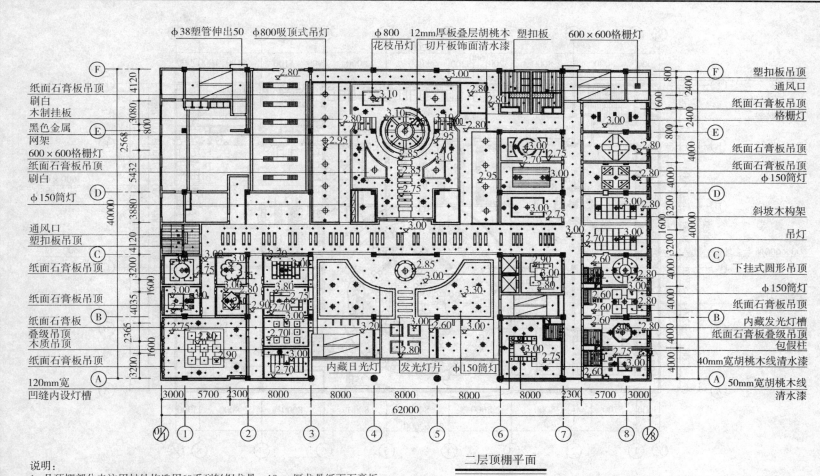

图 3-53

二层顶棚平面

说明：
1. 凡顶棚部分未注用材处均选用60系列轻钢龙骨，10mm厚龙骨纸面石膏板，天祥牌浅米色乳胶漆，凡顶棚线条均选用胡桃木线条清水漆。
2. 凡餐厅小包间均设二次吊顶上凸部分标高为2.90，下部标高为2.65，周边均设灯槽（软管）。
3. 凡未注明处餐厅包间阴角线均为60mm水曲柳阴角线清水漆

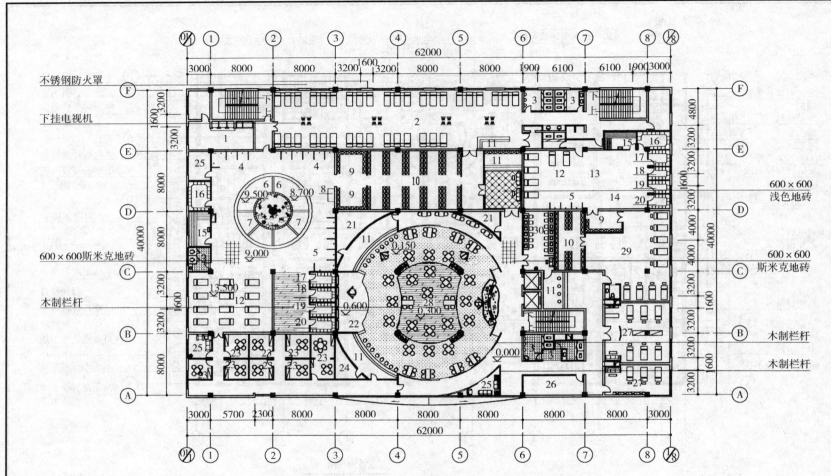

1 机房 2 休息区 3 卫生间 4 淋浴净身区 5 淋浴区 6 大池 7 淋浴池 8 消毒池 9 二次更衣区 10 一次更衣区
11 服务区 12 擦背 13 女子洗浴区 14 坐浴区 15 桑拿房 16 芬兰浴 17 针刺浴 18 枪浴 19 雾浴 20 周身浴
21 储藏间 22 舞台 23 茶座 24 备用室 25 休息室 26 工作间 27 VIP 28 旋转茶吧 29 女子休息美容区 30 网吧

图 3-54

三层平面

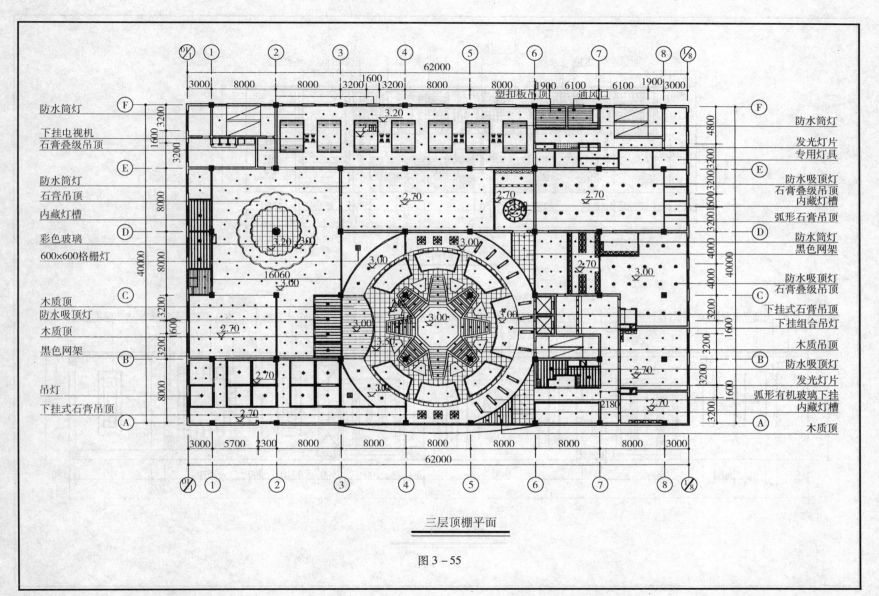

三层顶棚平面

图 3-55

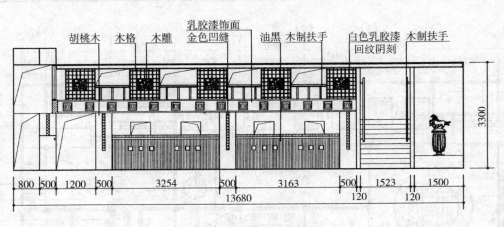

一层大餐厅F立面

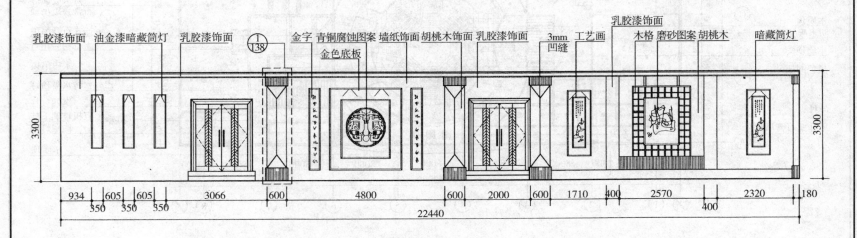

一层大餐厅G立面

图 3-56

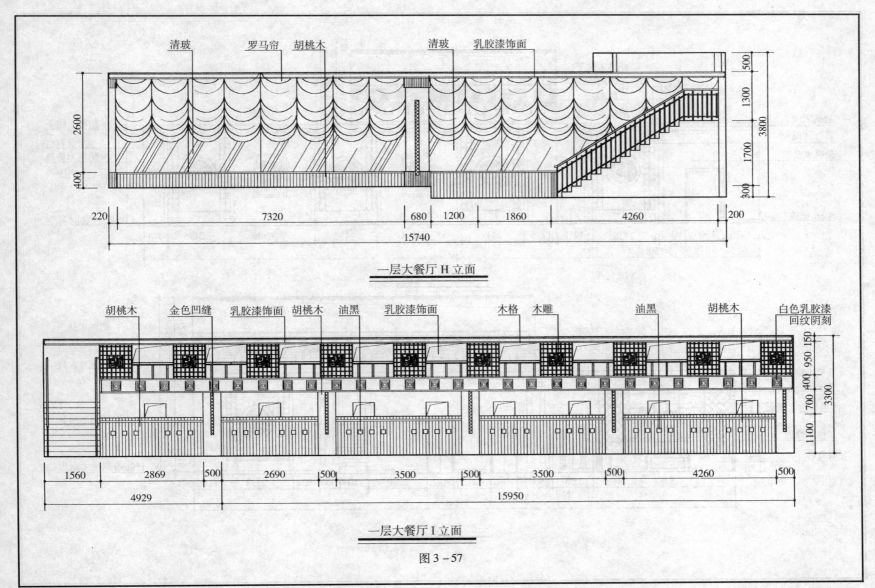

图 3-57

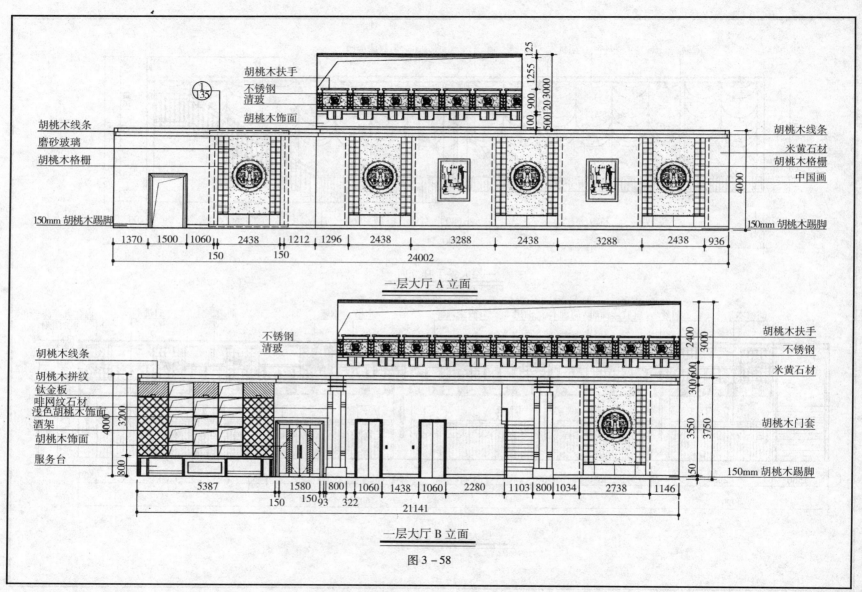

一层大厅 A 立面

一层大厅 B 立面

图 3-58

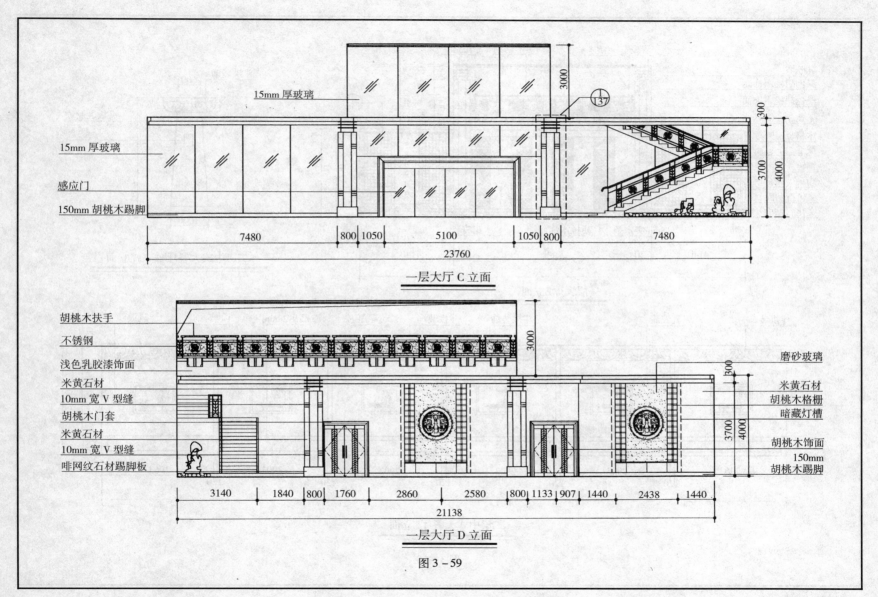

图 3-59

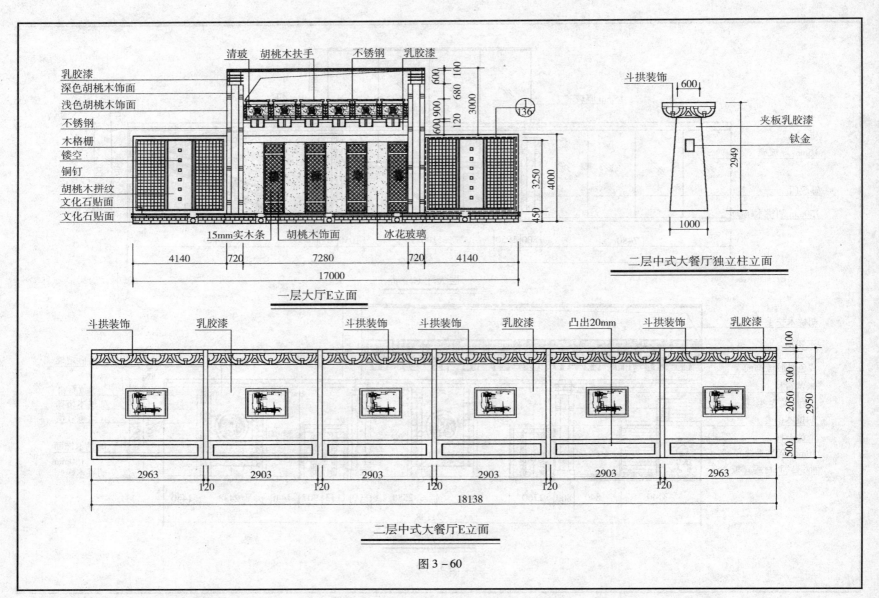

图 3-60

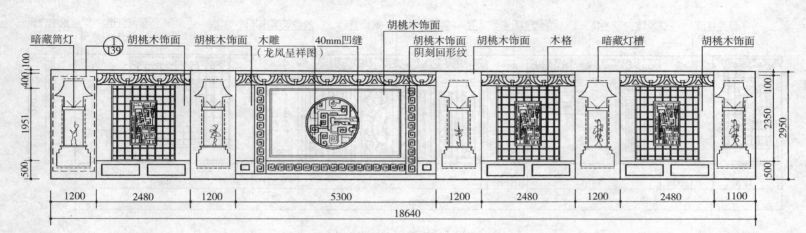

二层中式大餐厅A立面

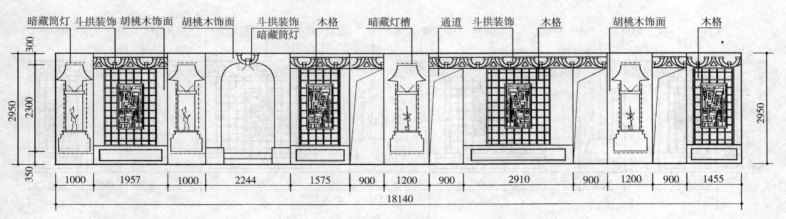

二层中式大餐厅B立面

图 3-61

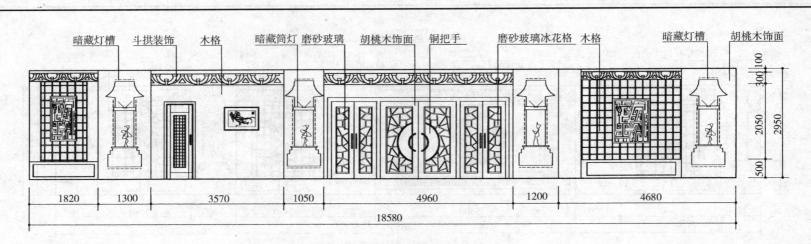

二层中式大餐厅 C 立面

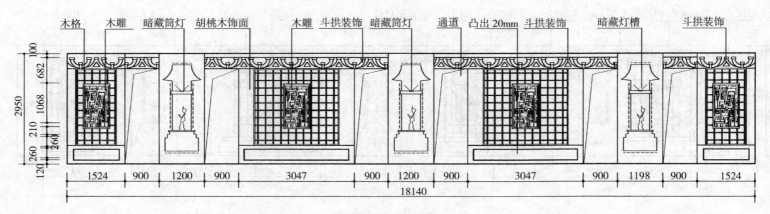

二层中式大餐厅 D 立面

图 3-62

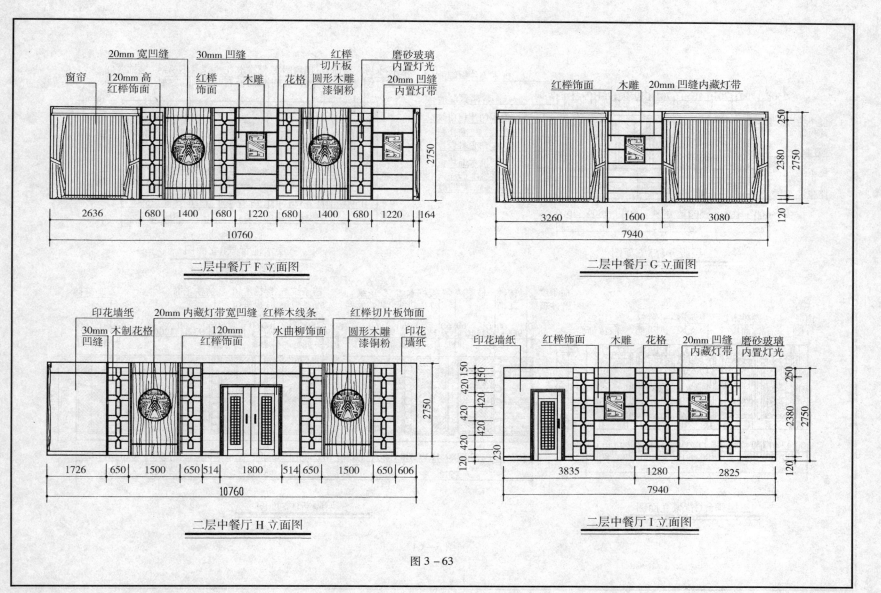

图 3-63

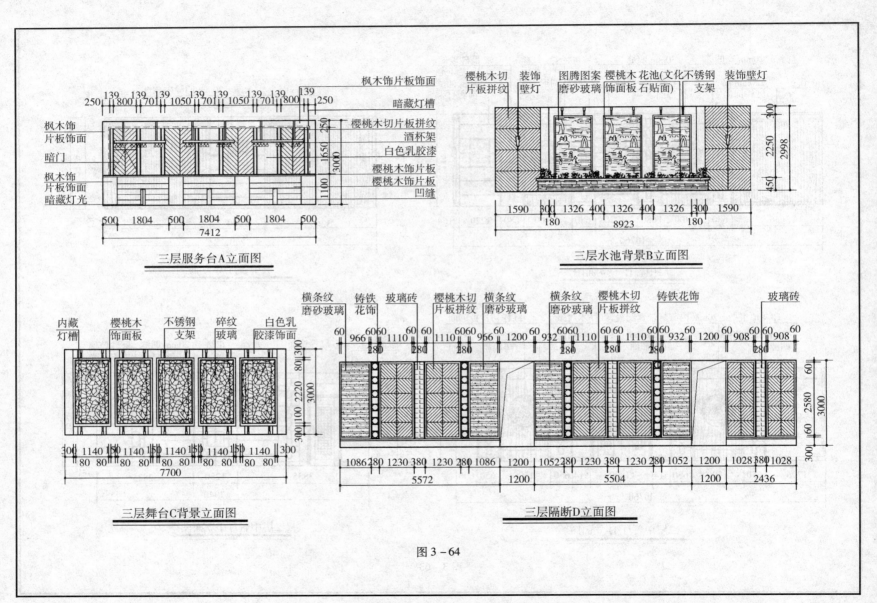

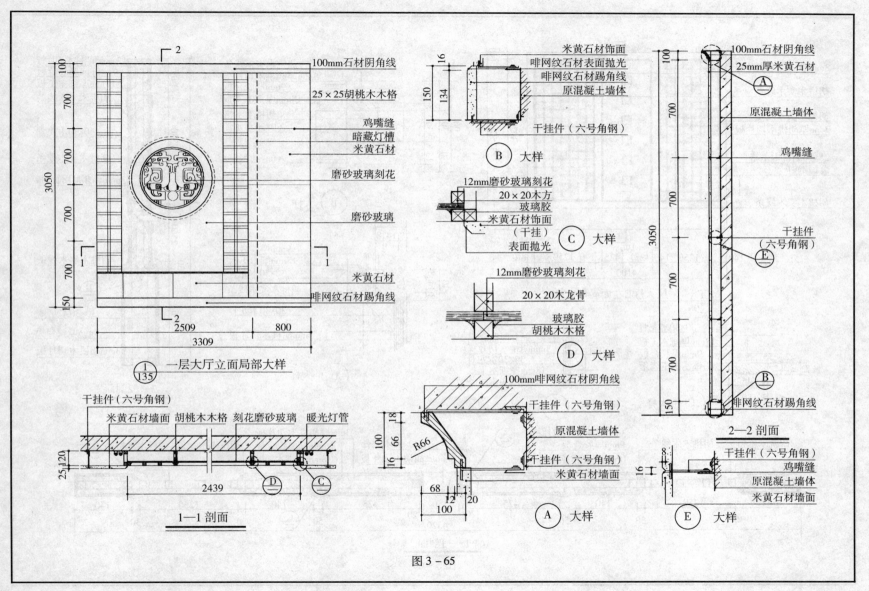

图 3-65

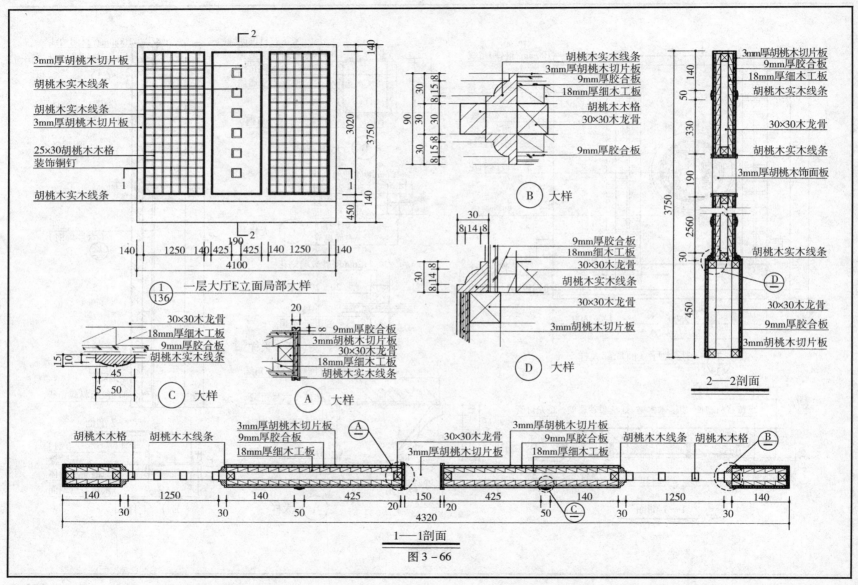

图 3-66

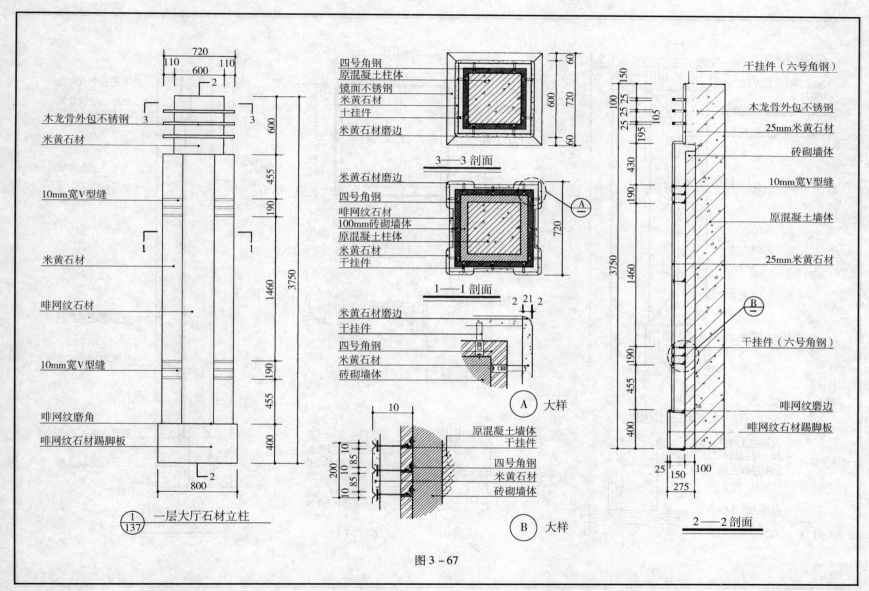

图 3-67

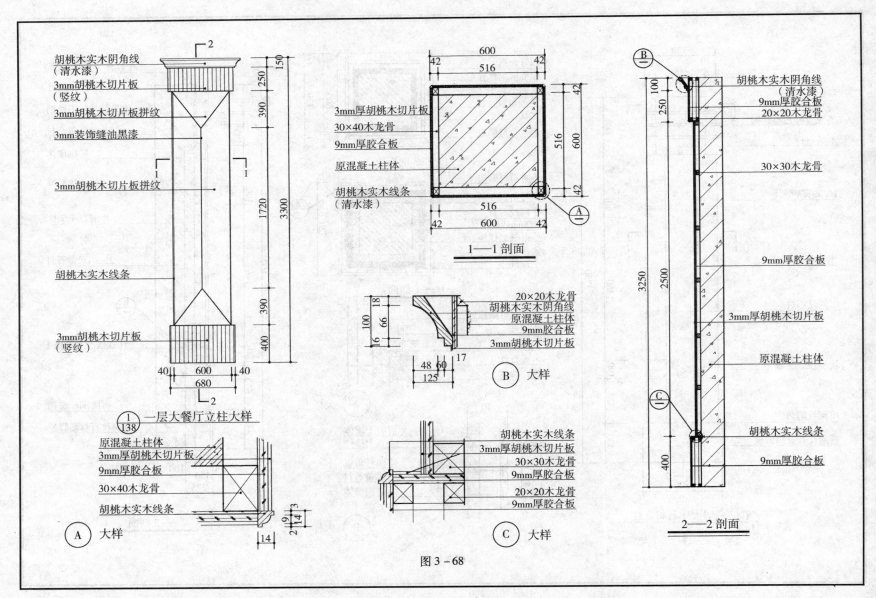

图 3-68

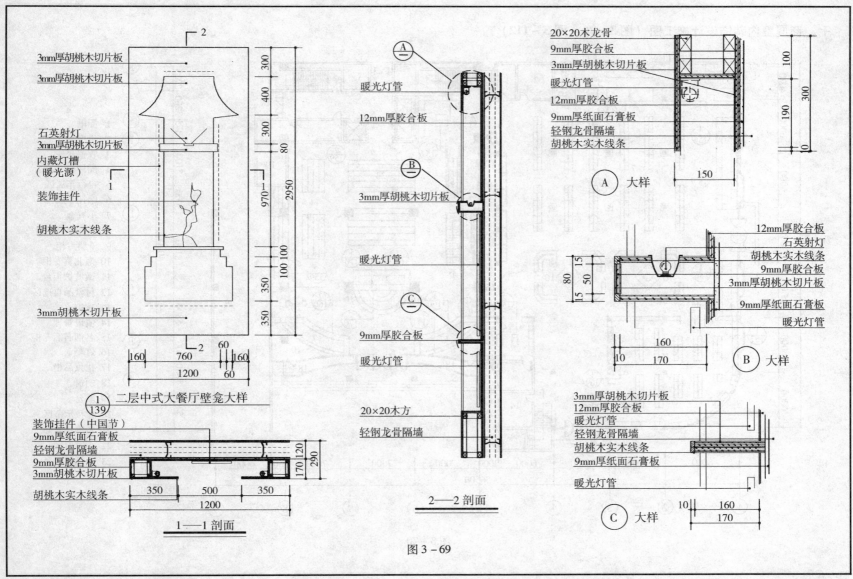

图 3-69

七、商厦室内装饰设计施工图（图 3－70～图 3－112）

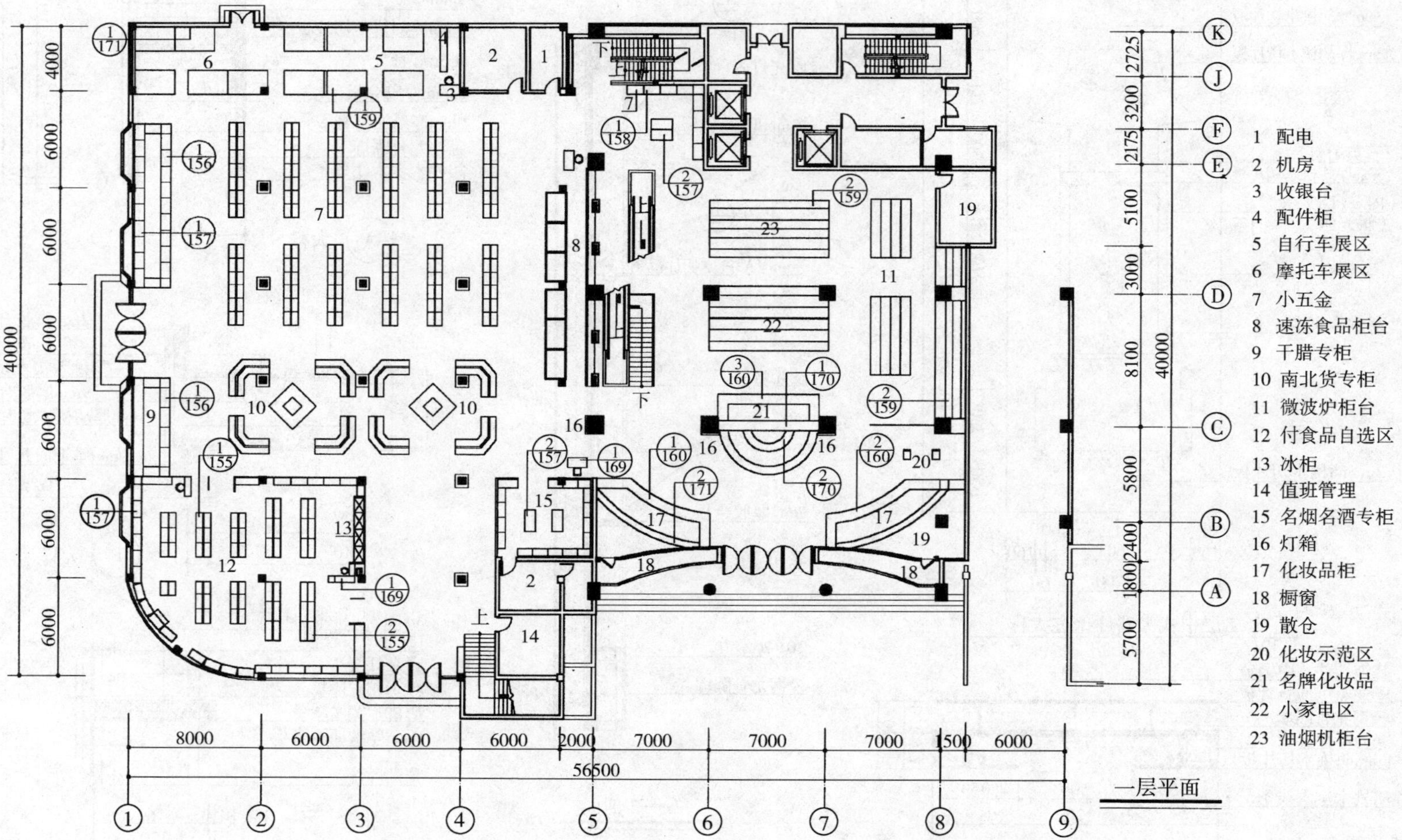

1 配电
2 机房
3 收银台
4 配件柜
5 自行车展区
6 摩托车展区
7 小五金
8 速冻食品柜台
9 干腊专柜
10 南北货专柜
11 微波炉柜台
12 付食品自选区
13 冰柜
14 值班管理
15 名烟名酒专柜
16 灯箱
17 化妆品柜
18 橱窗
19 散仓
20 化妆示范区
21 名牌化妆品
22 小家电区
23 油烟机柜台
8000
6000
6000
6000
2000
7000
7000
7000
1500
6000
56500
40000
2725
3200
2175
5100
3000
8100
5800
2400
1800
5700
一层平面

图 3－70

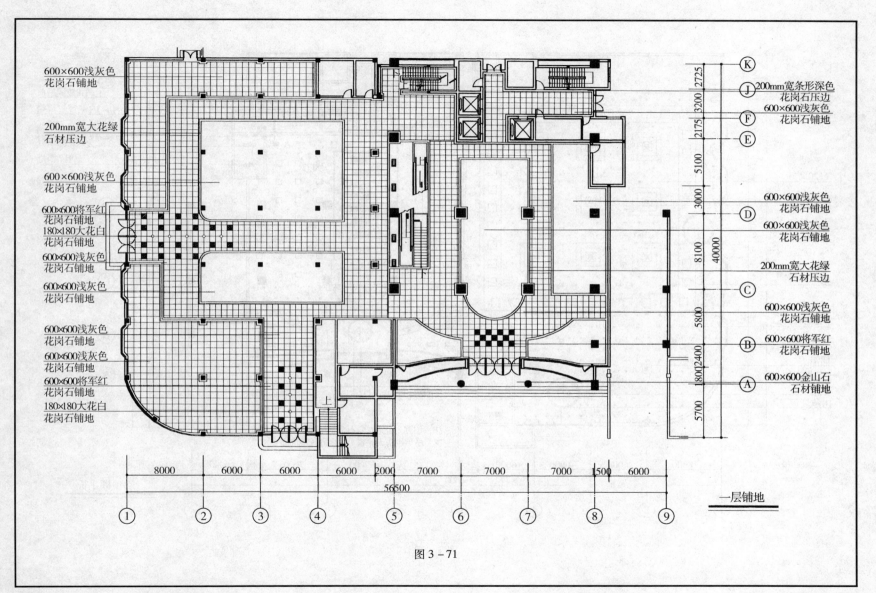

图 3-71

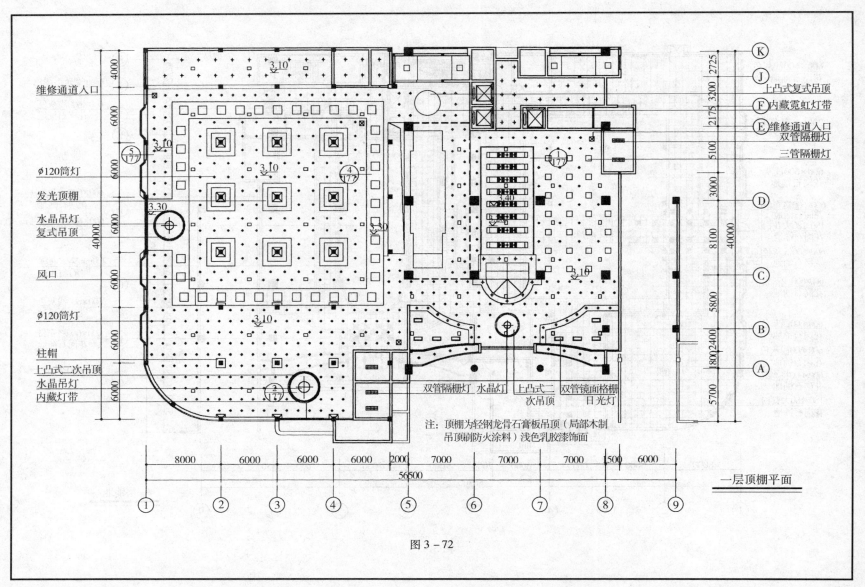

图 3-72

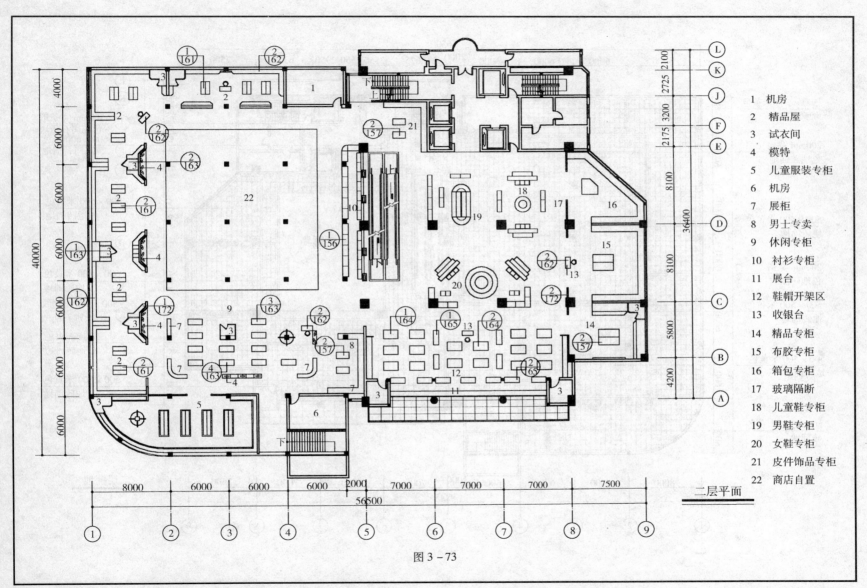

图 3-73

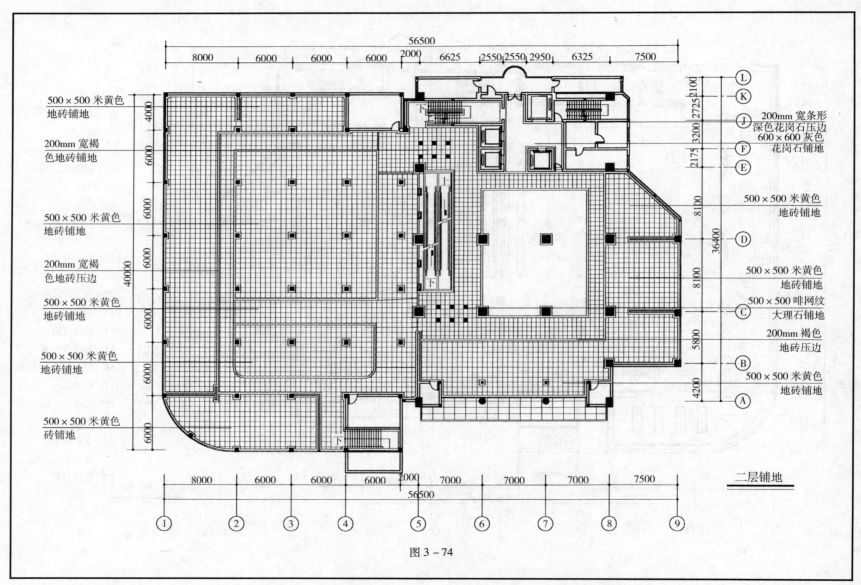

图 3-74

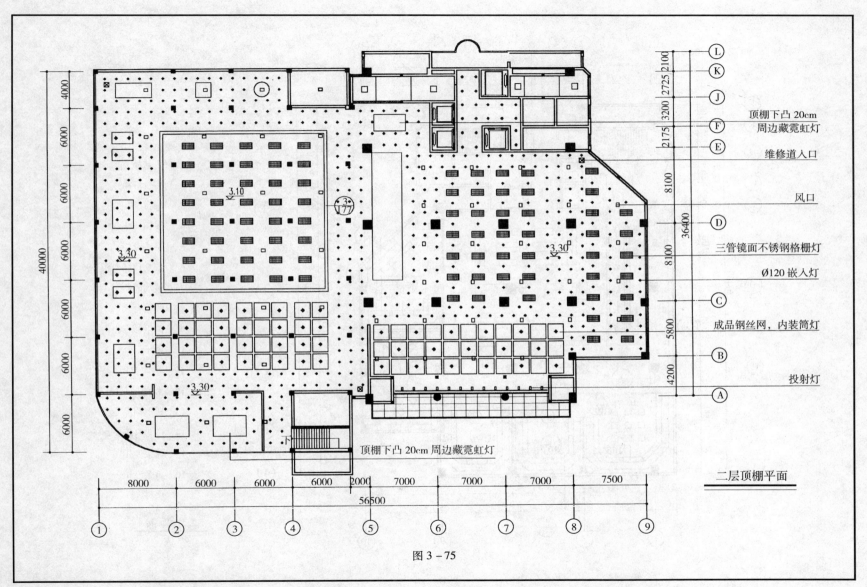

图 3-75

二层顶棚平面

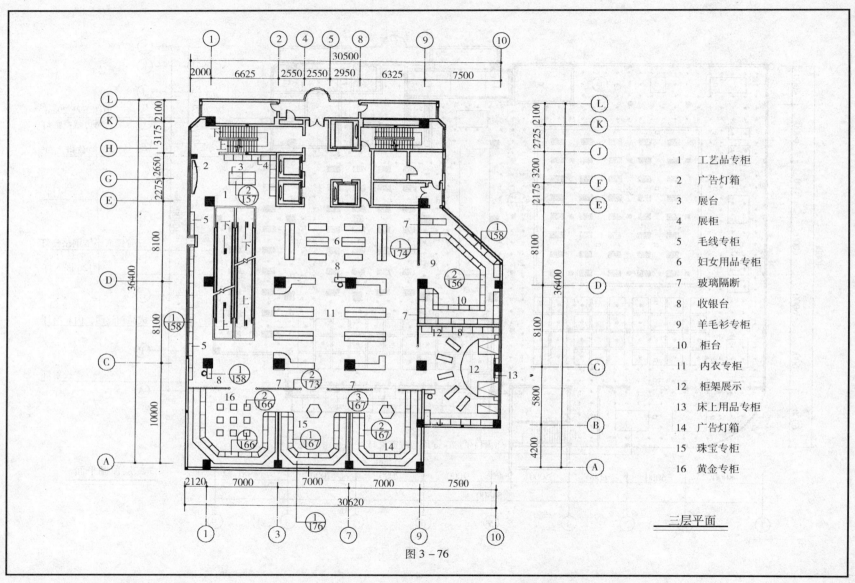

图 3-76 三层平面

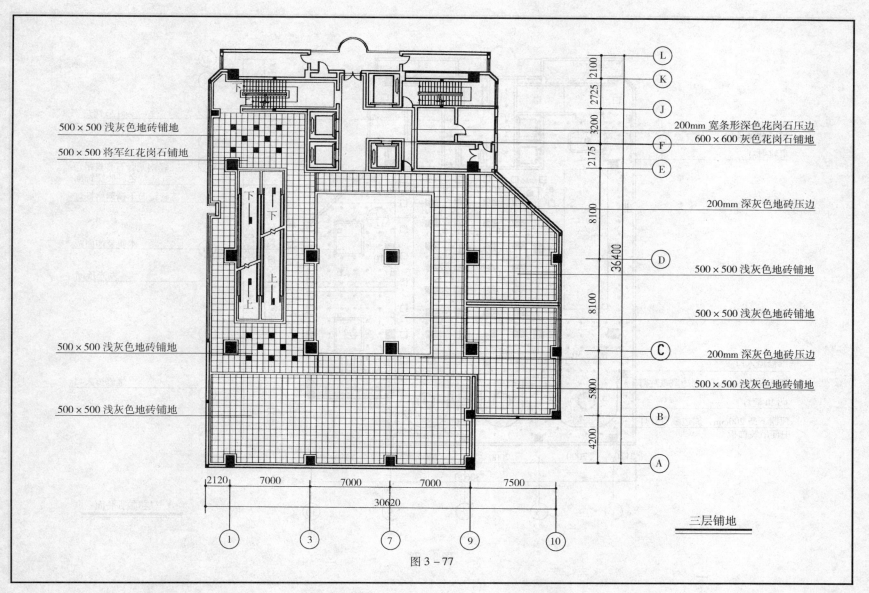

图 3-77

三层铺地

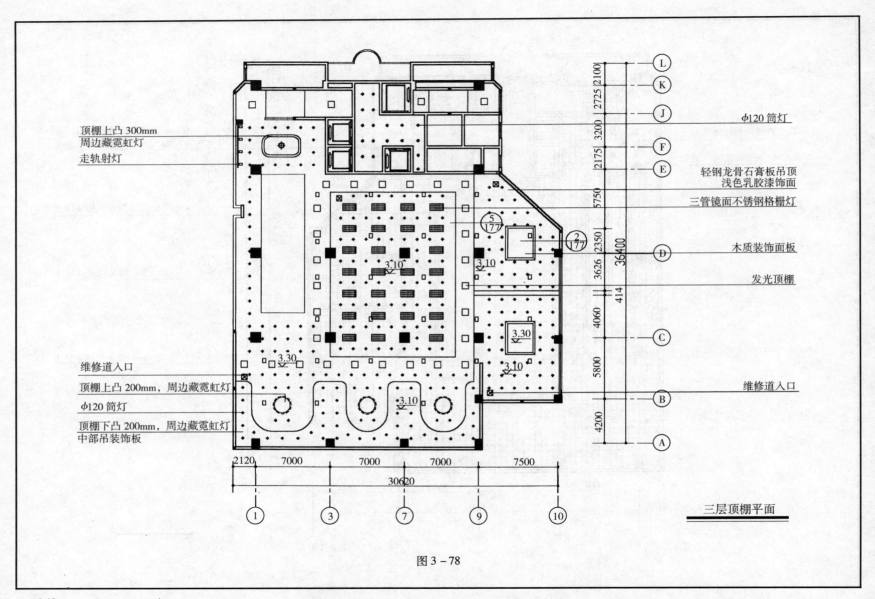

图 3-78

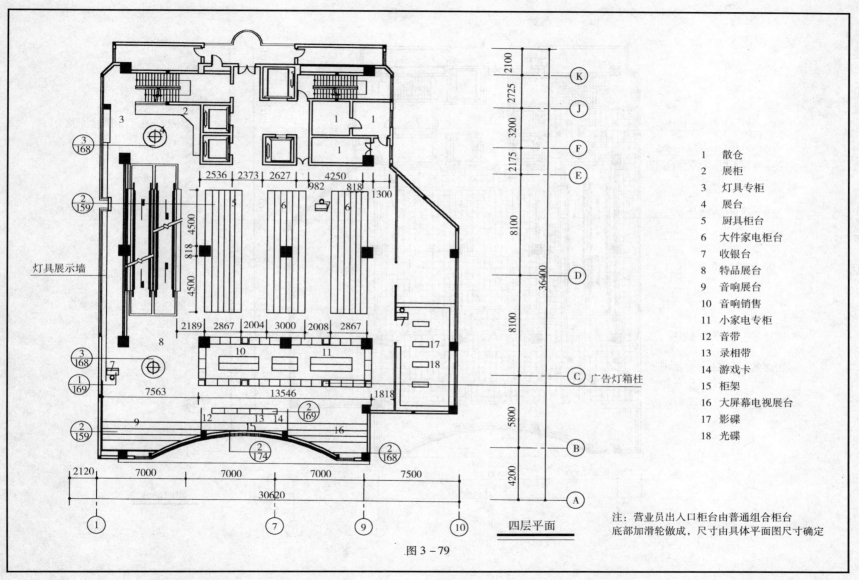

图 3-79 四层平面

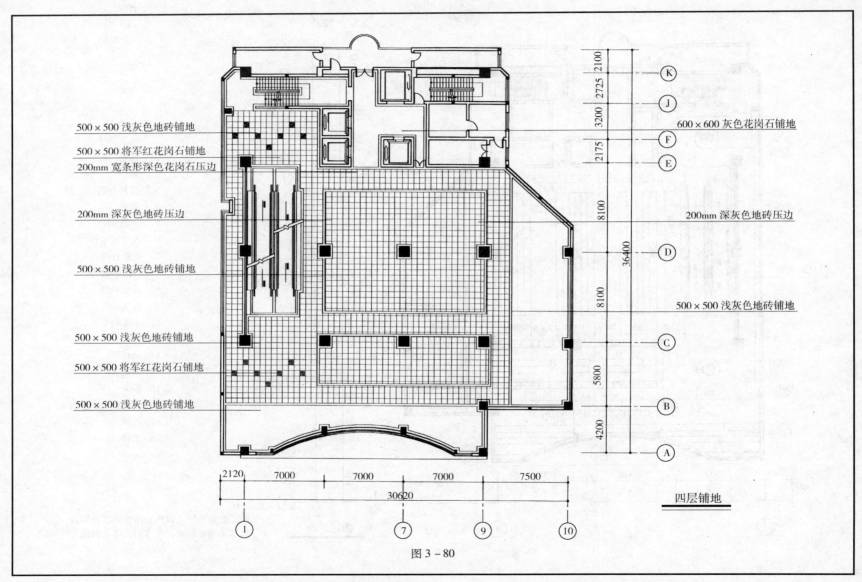

图 3-80

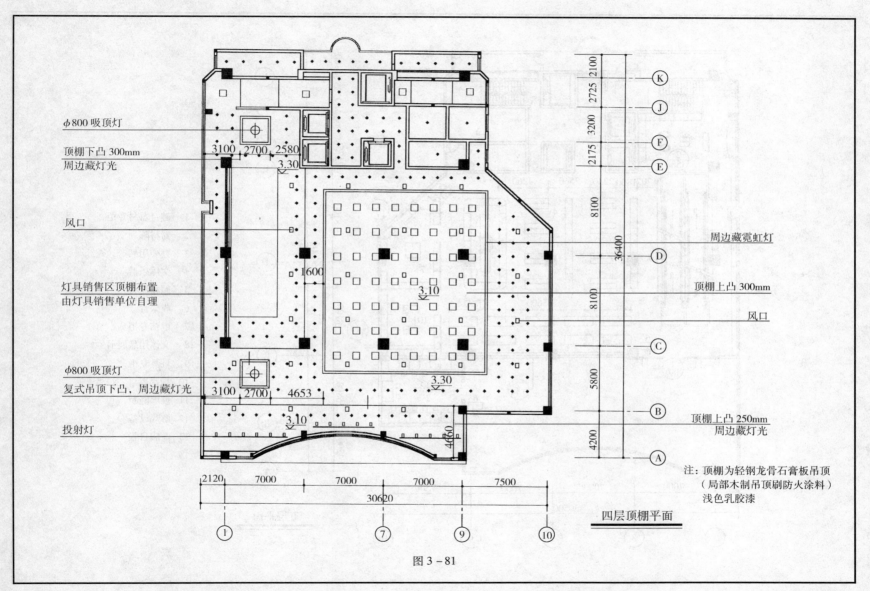

图 3-81 四层顶棚平面

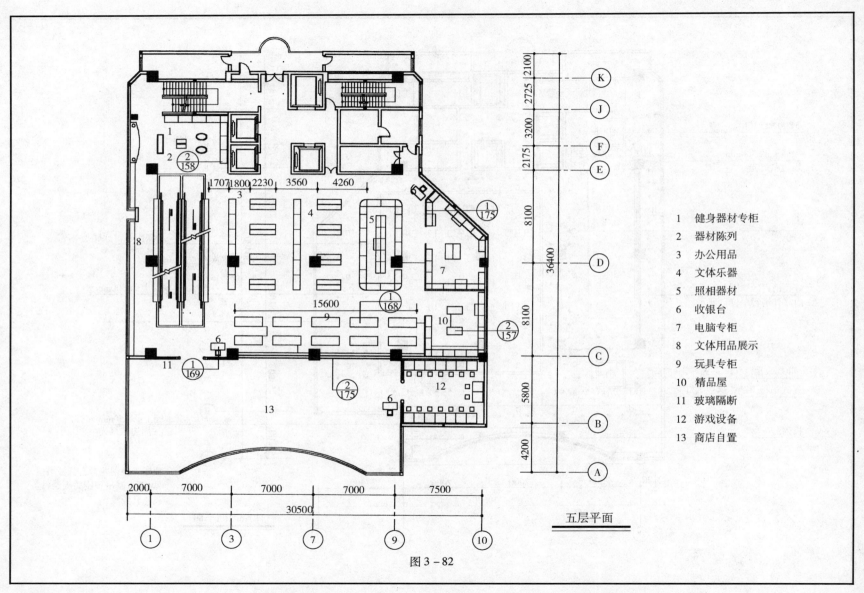

图 3-82

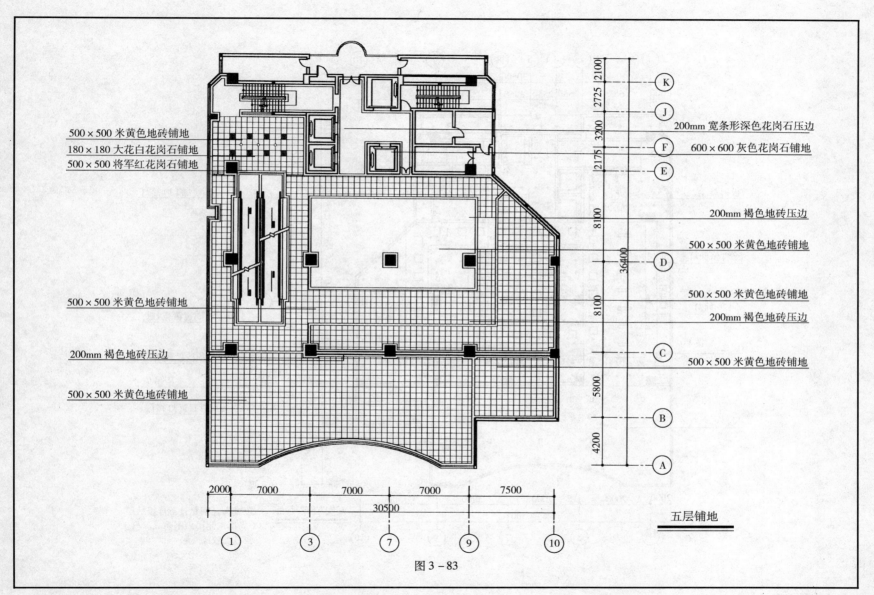

图 3-83

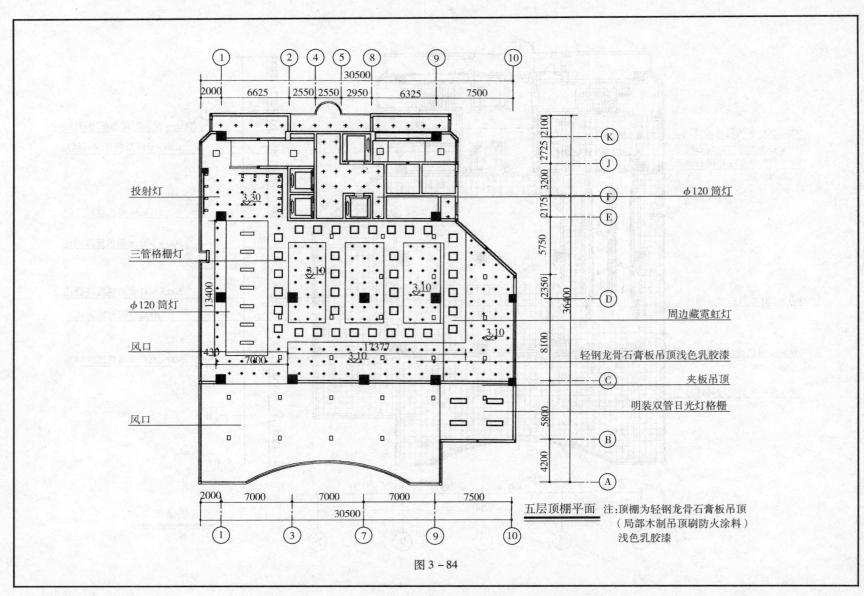

图 3-84

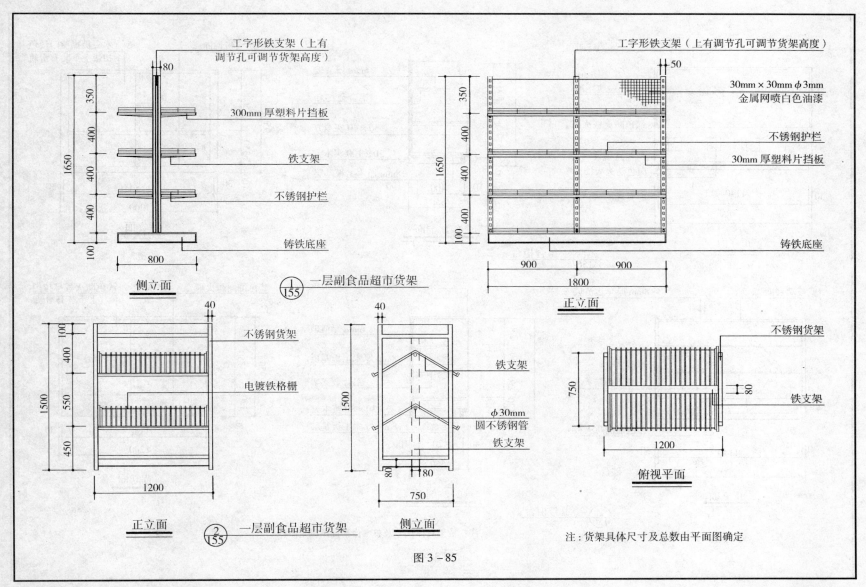

图 3-85

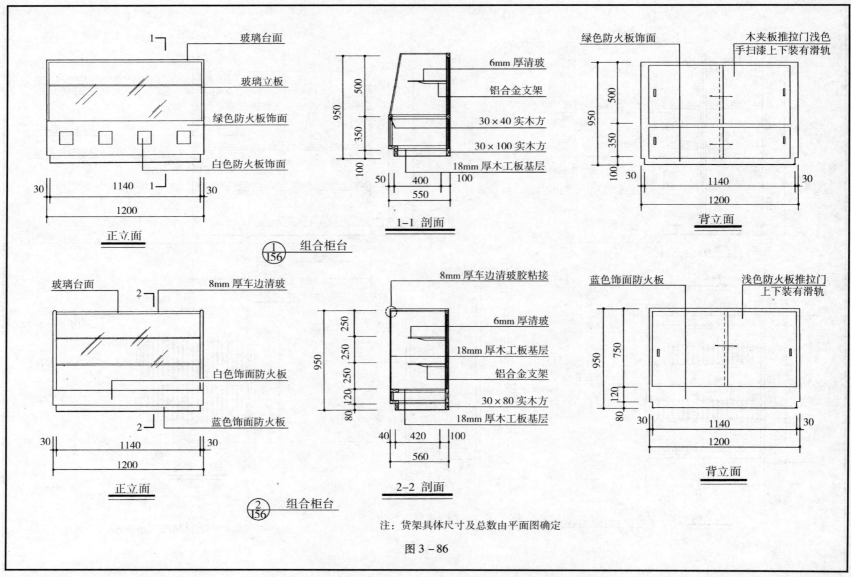

图 3-86

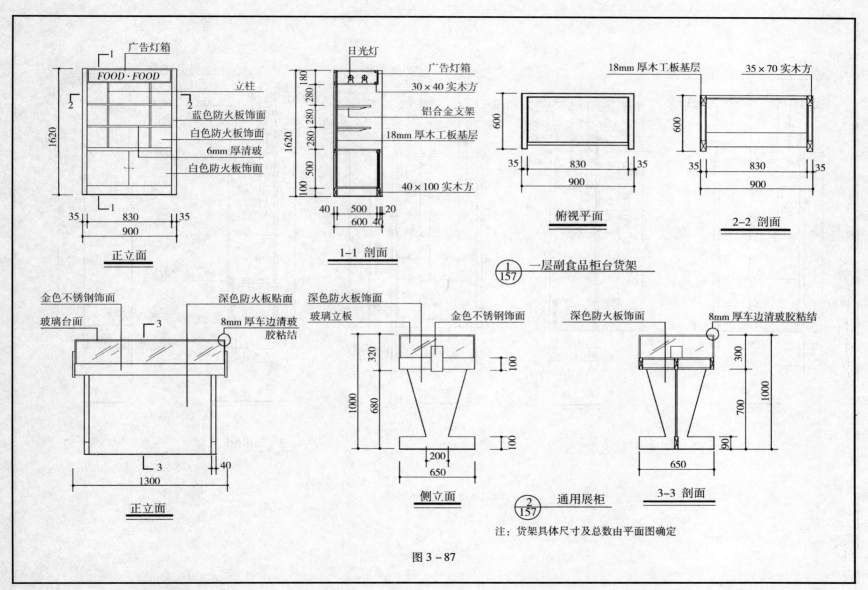

图 3-87

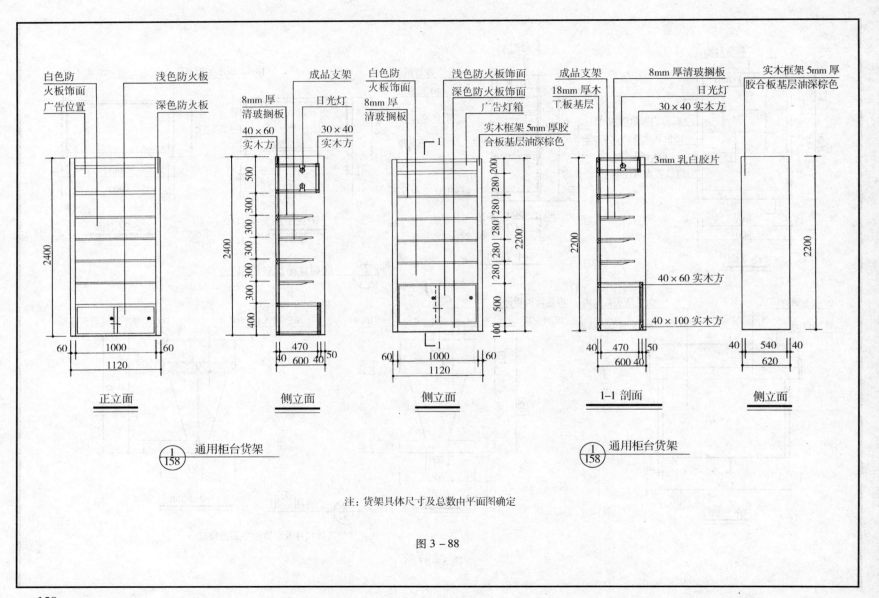

图 3-88

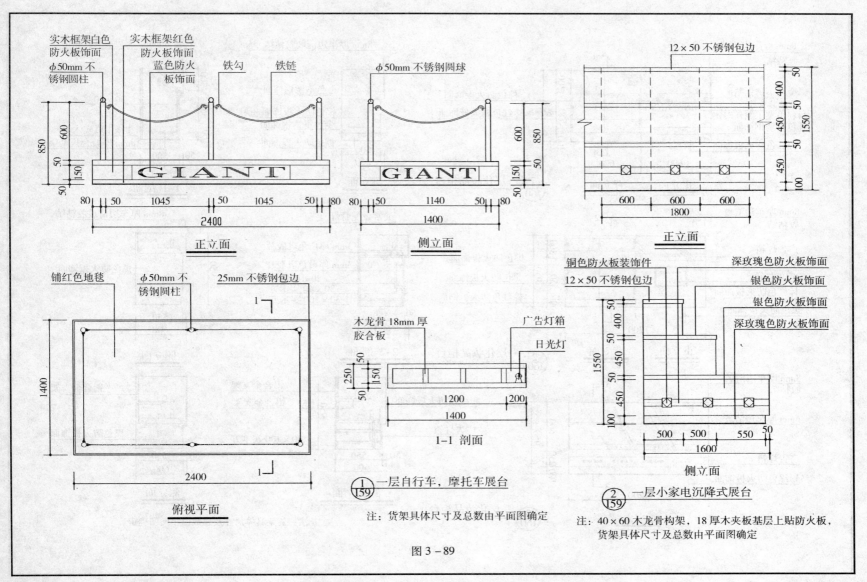

图 3-89

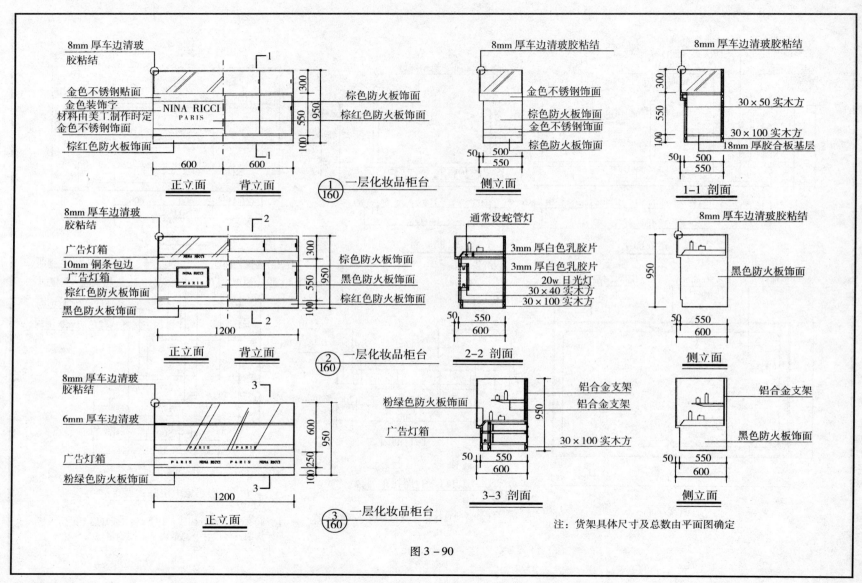

图 3-90

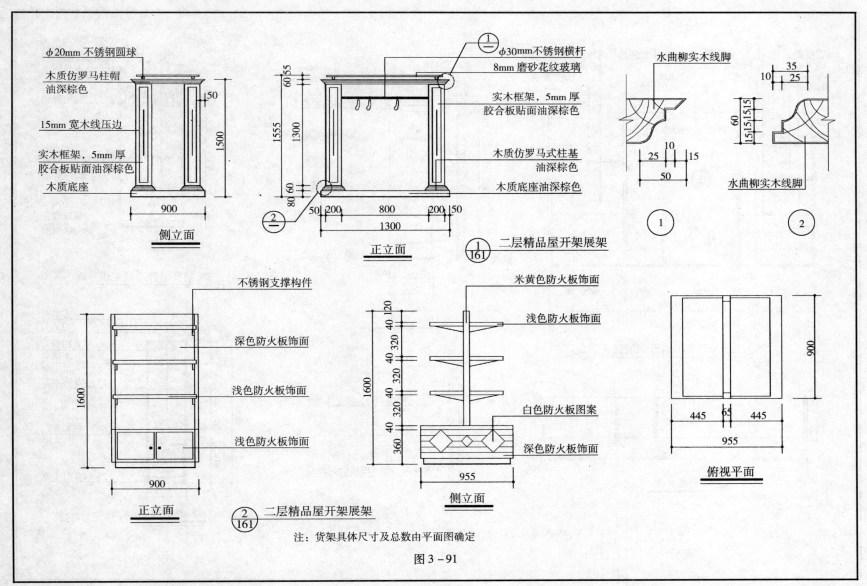

图 3-91

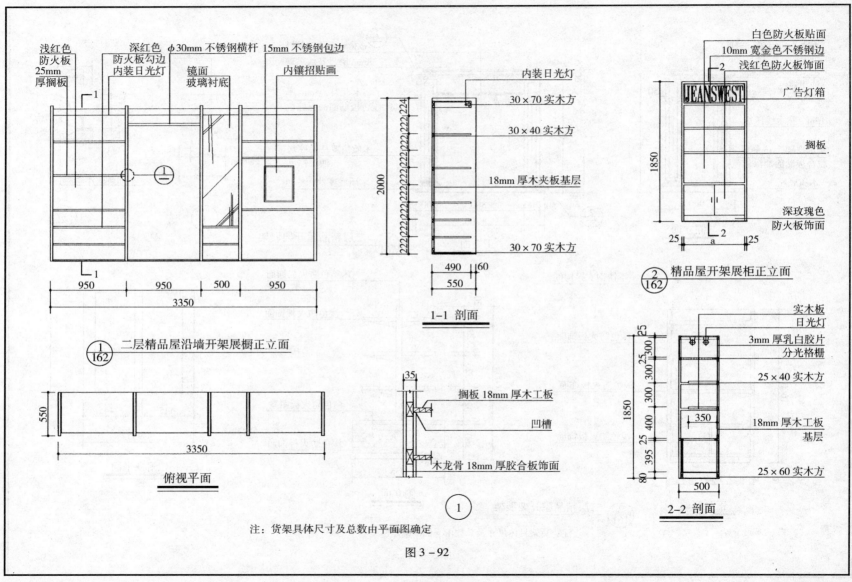

图 3-92

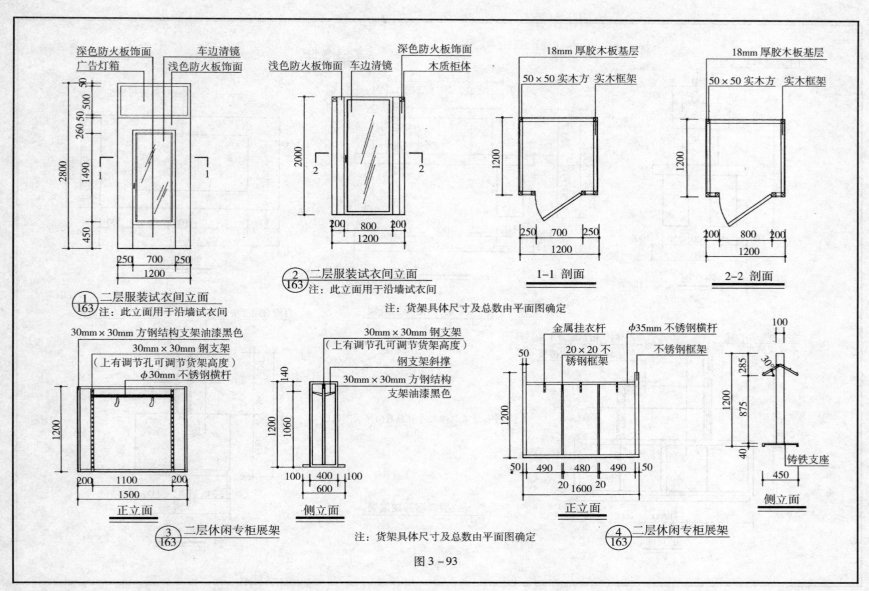

图 3-93

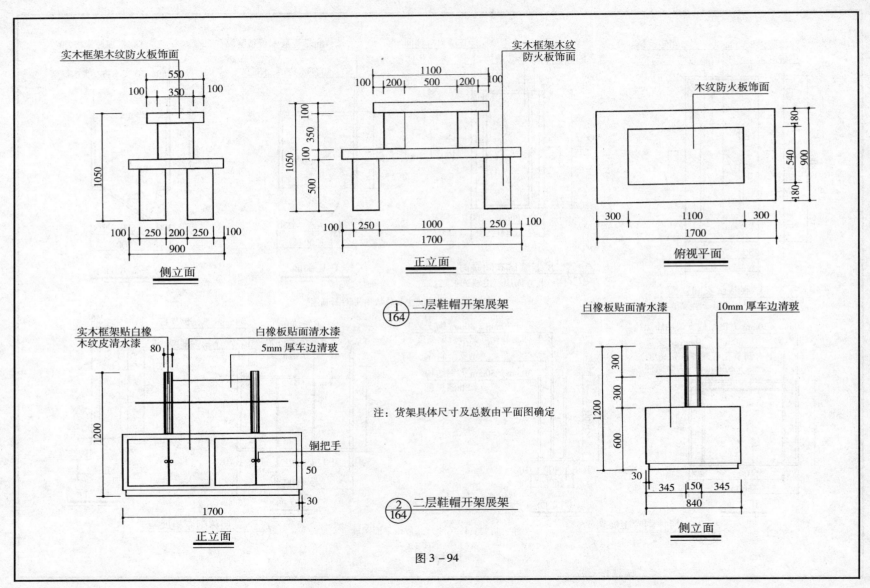

图 3-94

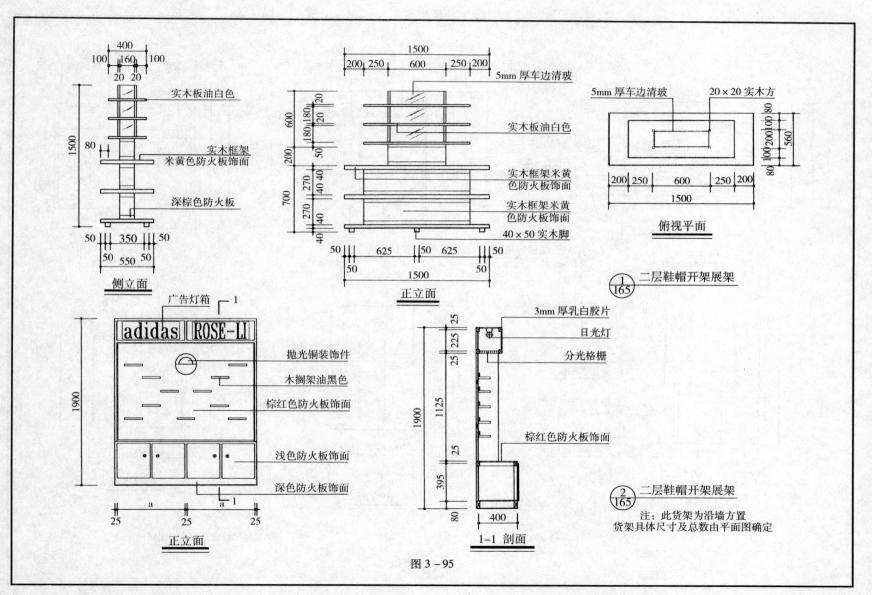

图3-95

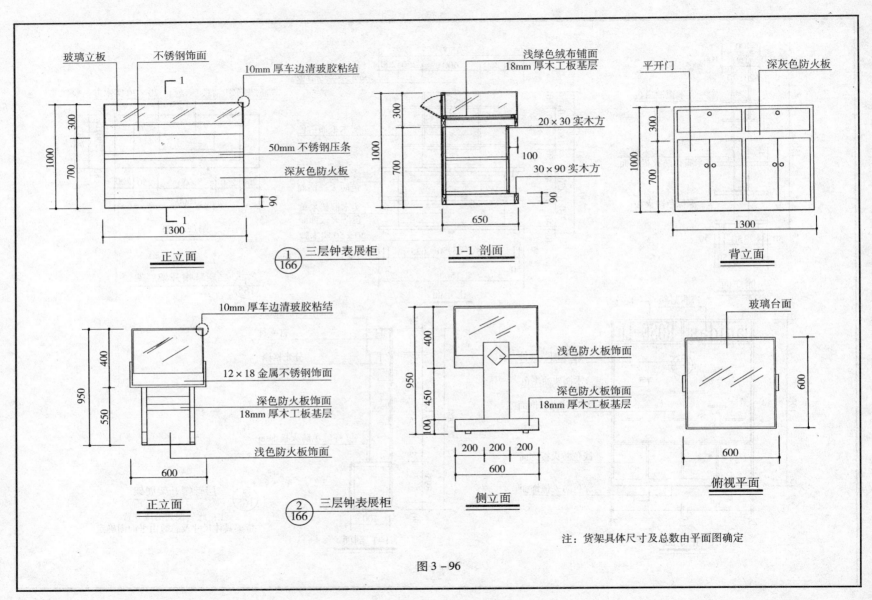

图 3-96

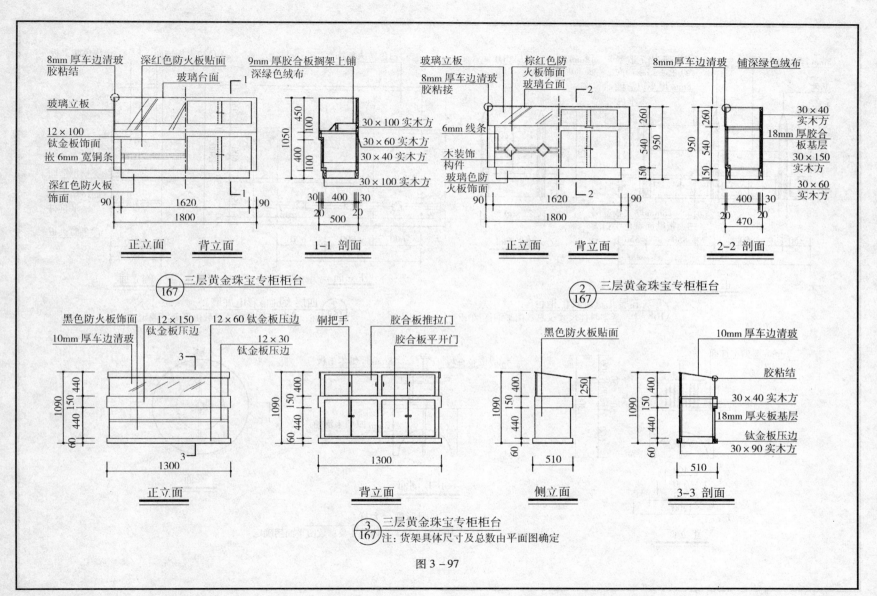

图 3-97

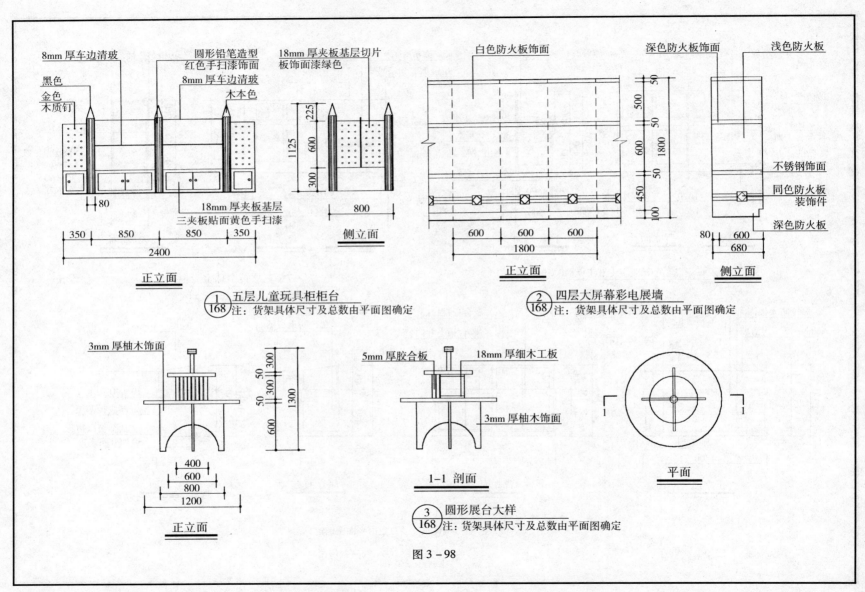

图 3-98

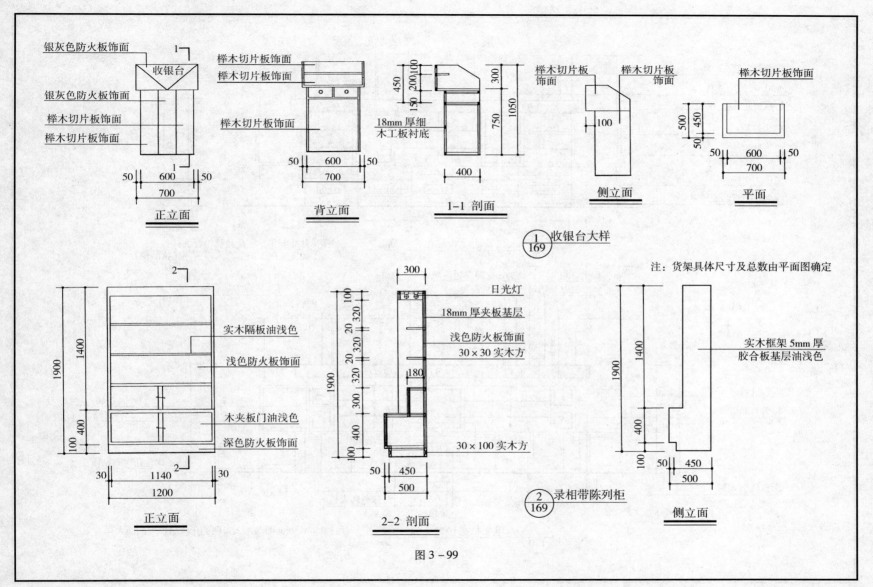

图 3-99

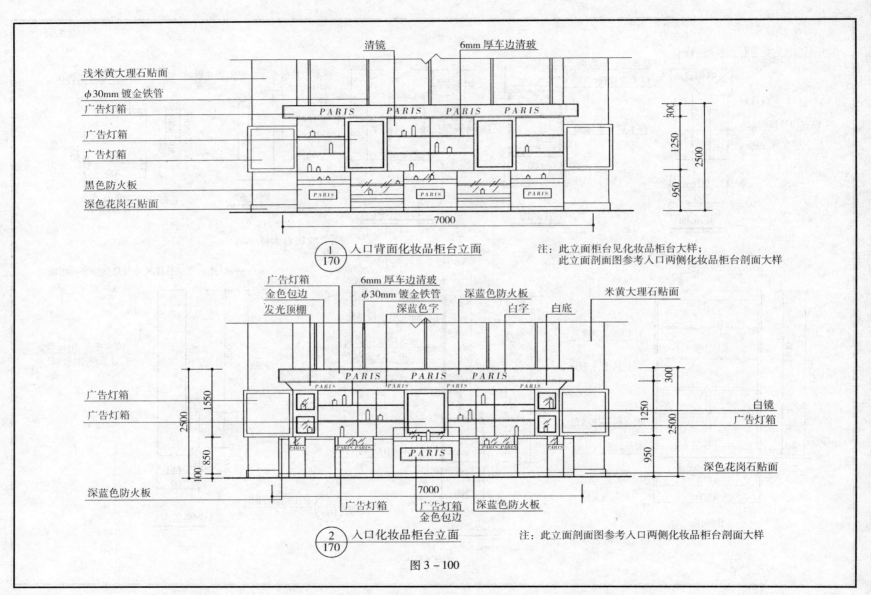

图 3-100

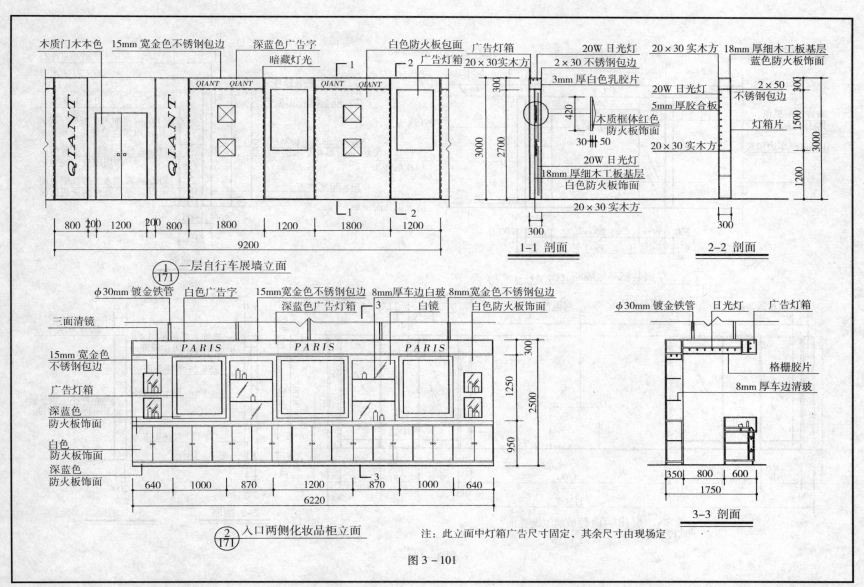

图 3-101

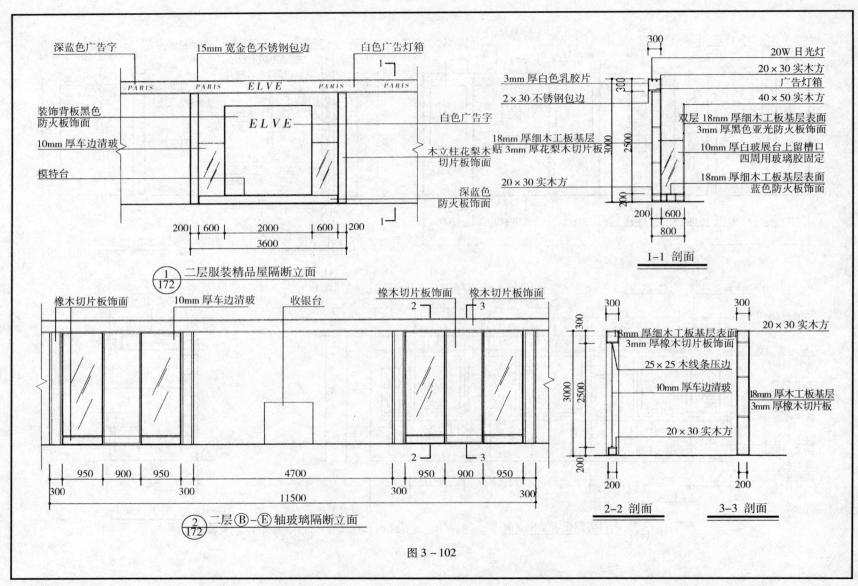

图 3-102

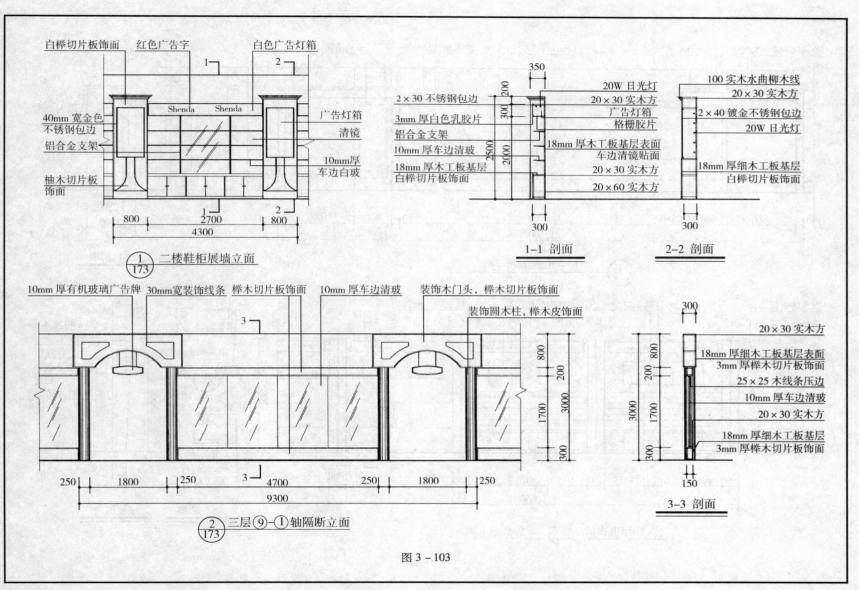

图 3-103

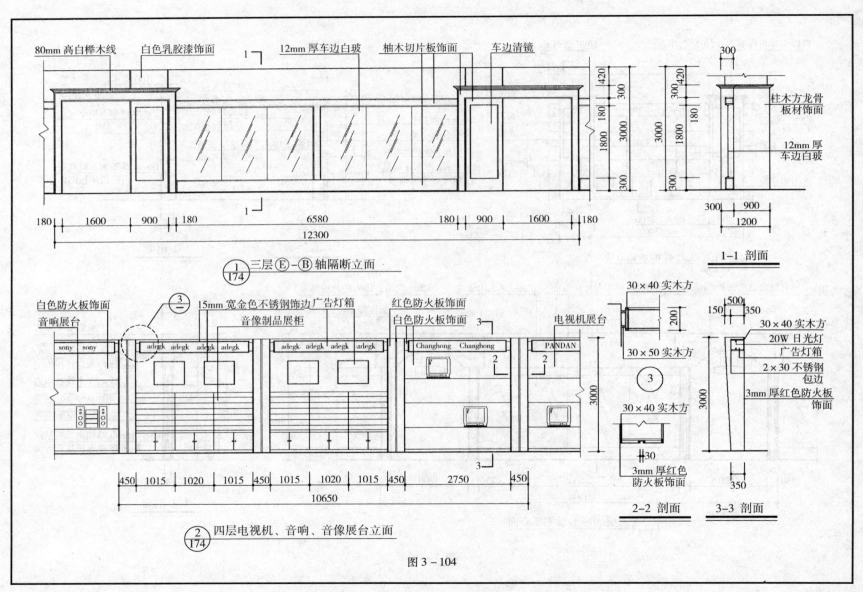

图 3-104

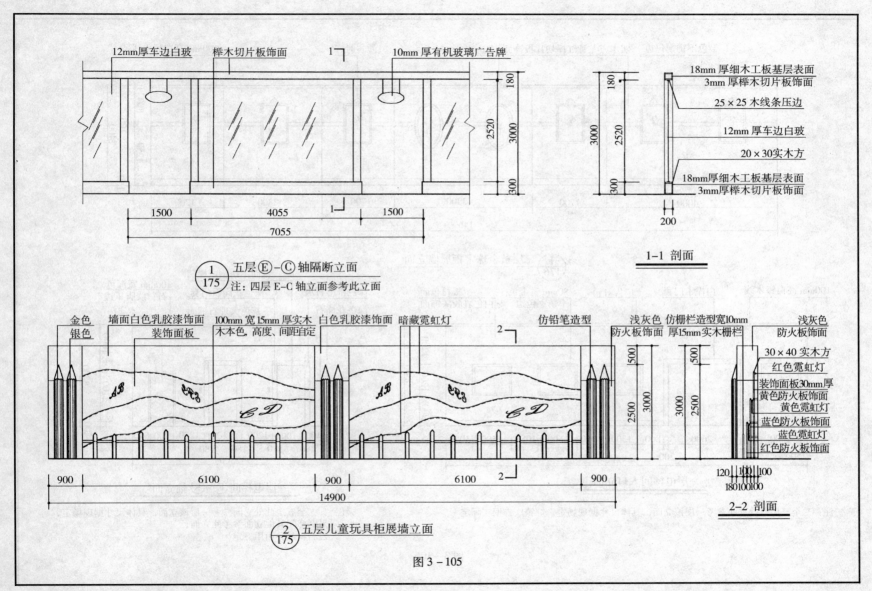

图 3-105

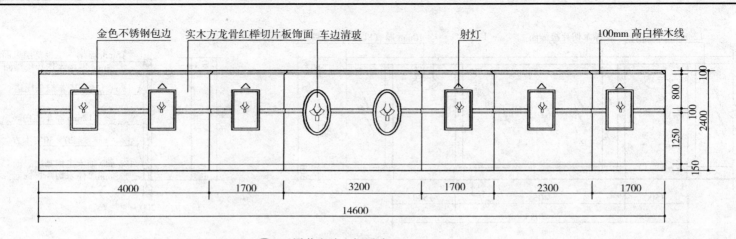

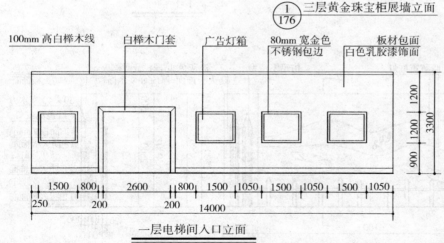

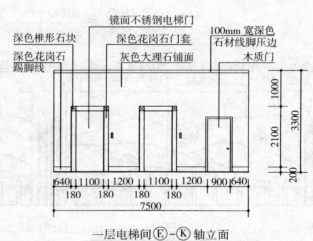

图 3-106

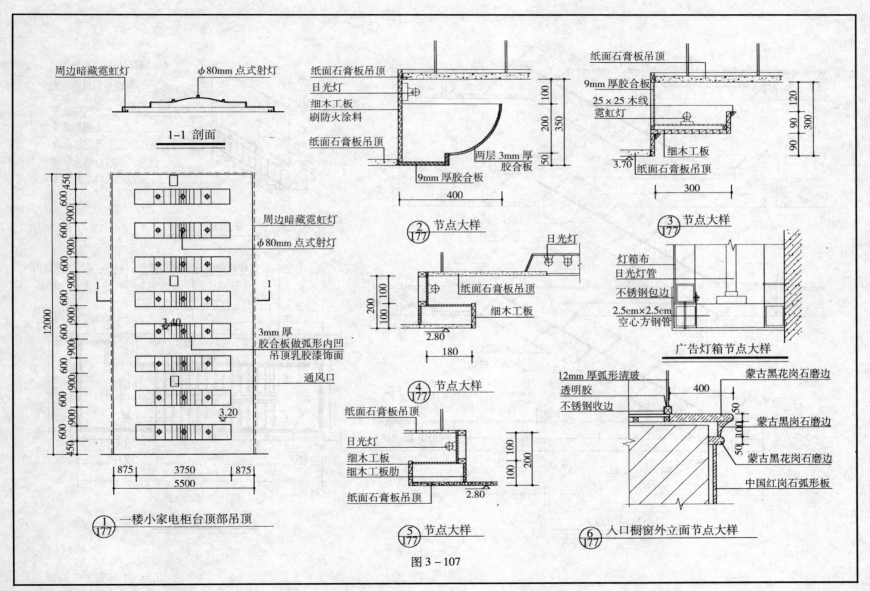

图 3-107

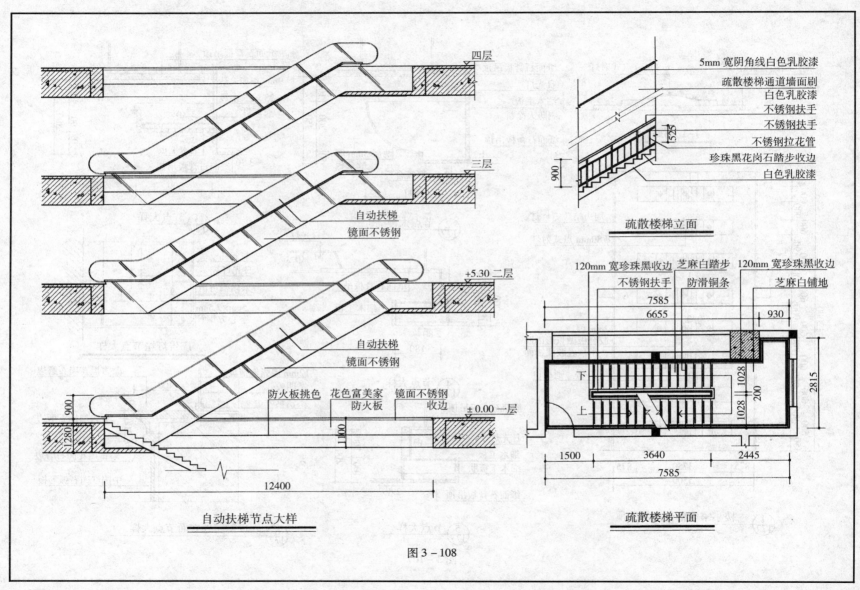

图 3-108

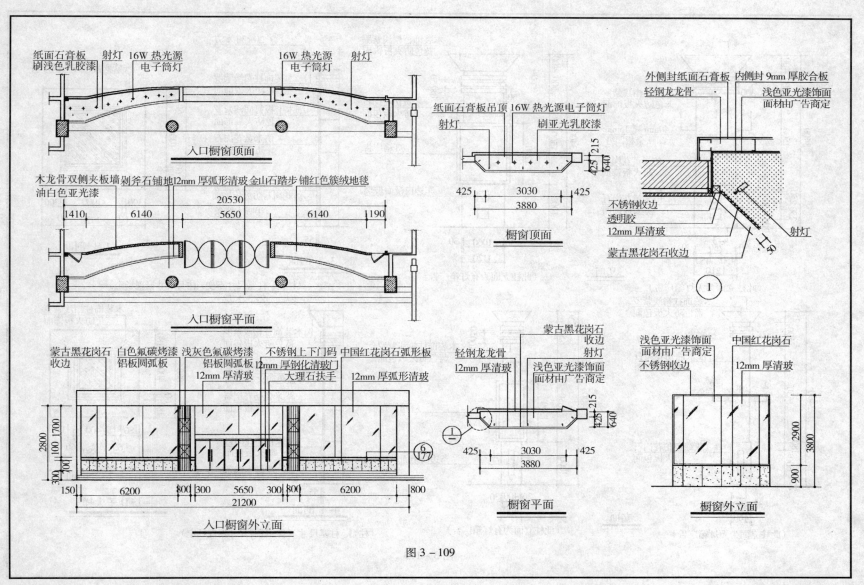

图 3-109

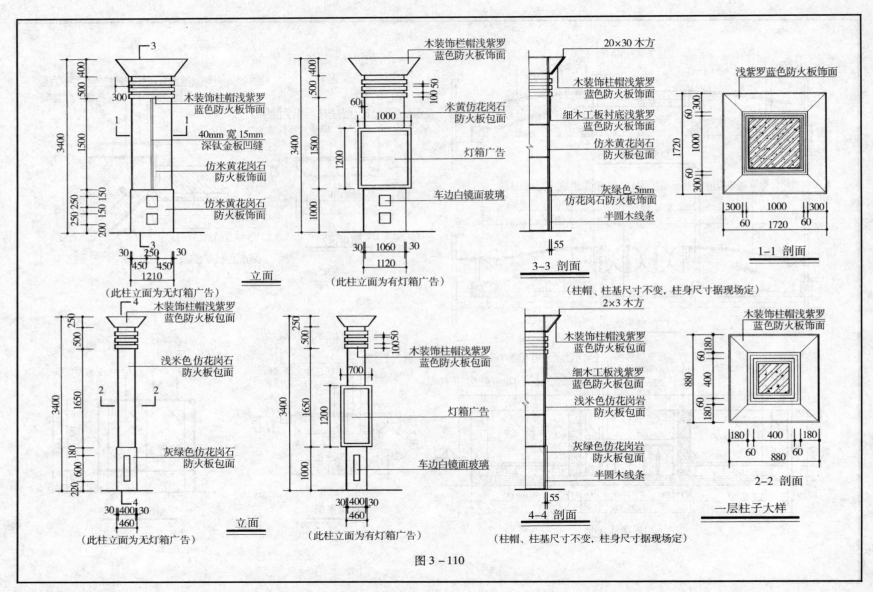

图 3-110

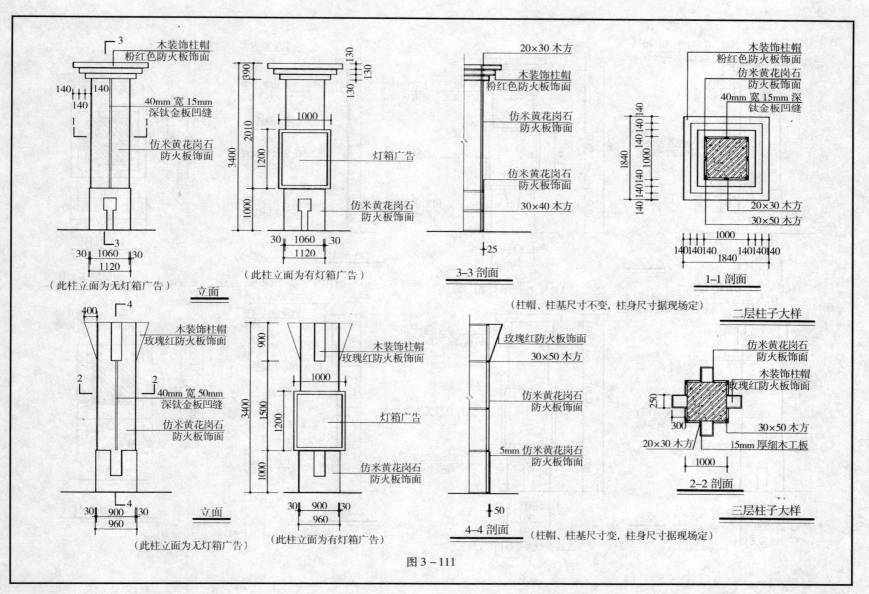

图 3-111

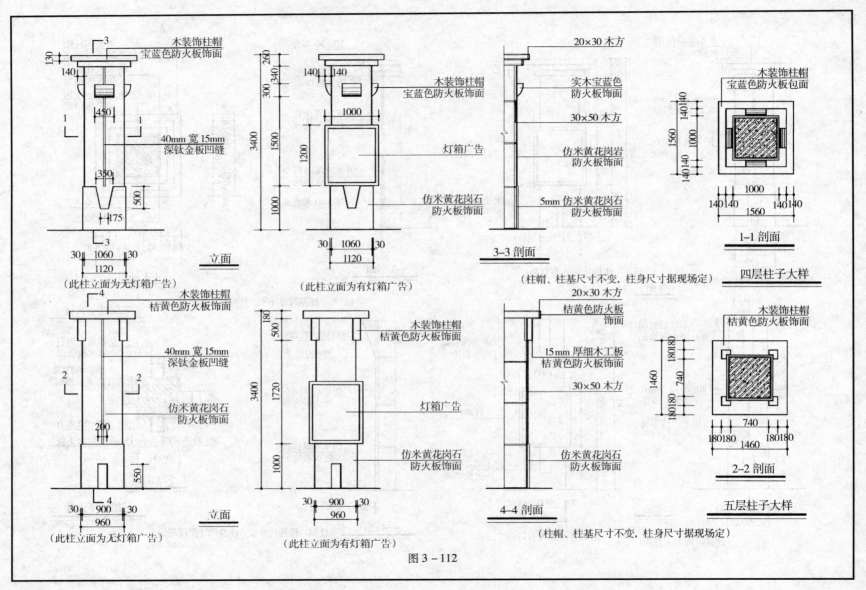

图 3-112

八、行政办公楼装饰设计施工图（图3-113~图3-138）

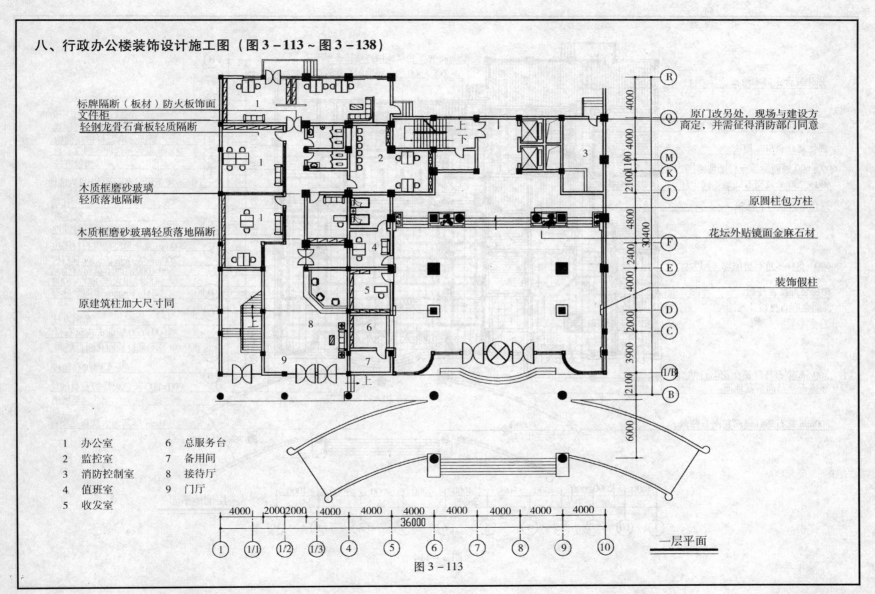

图 3-113

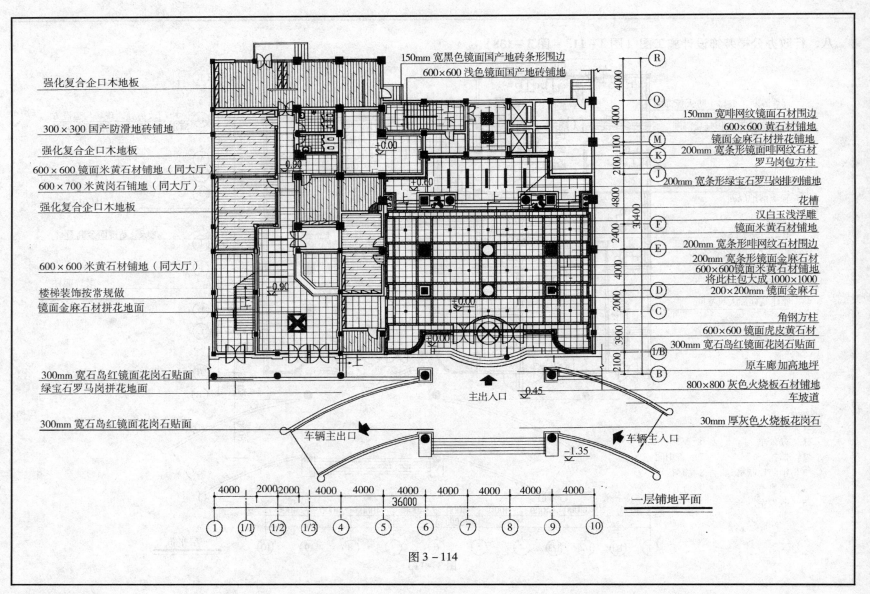

图 3-114

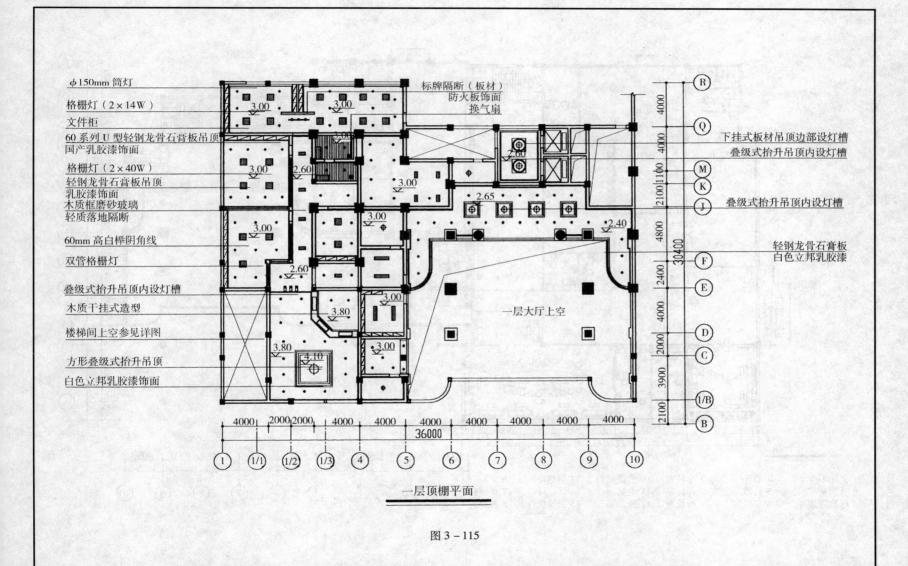

图 3-115

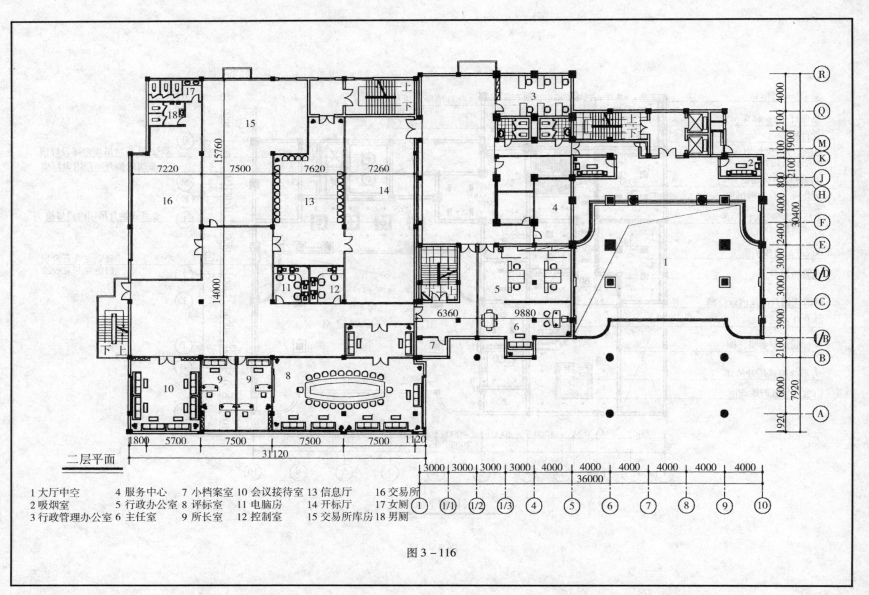

图 3-116

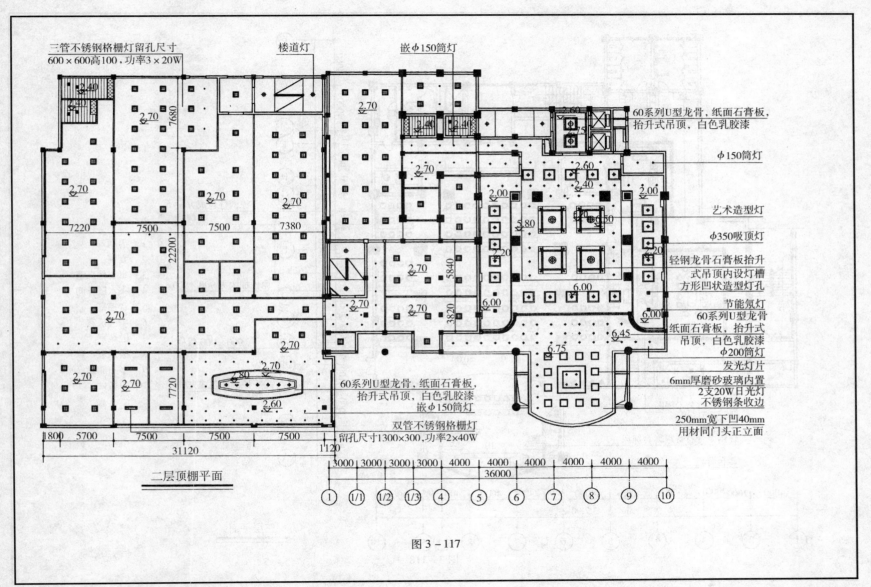

图 3-117

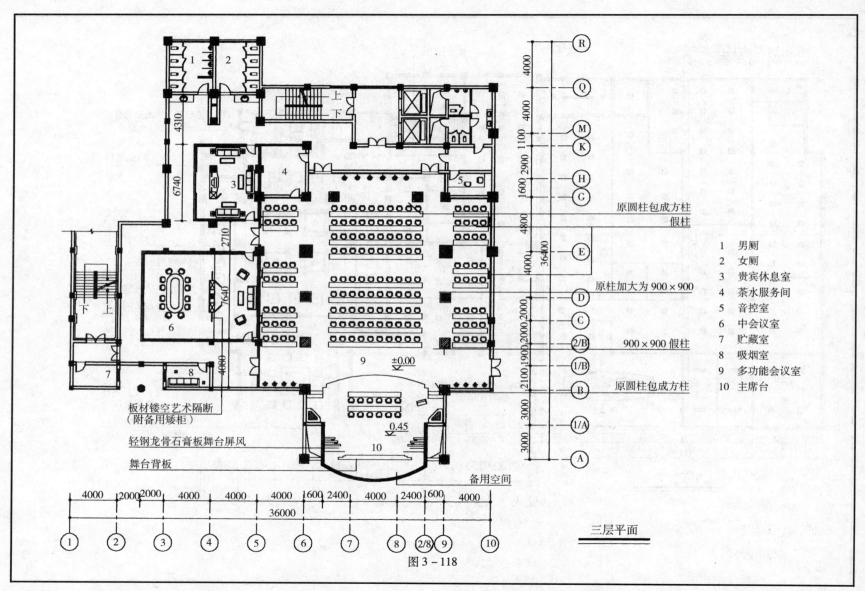

图3-118 三层平面

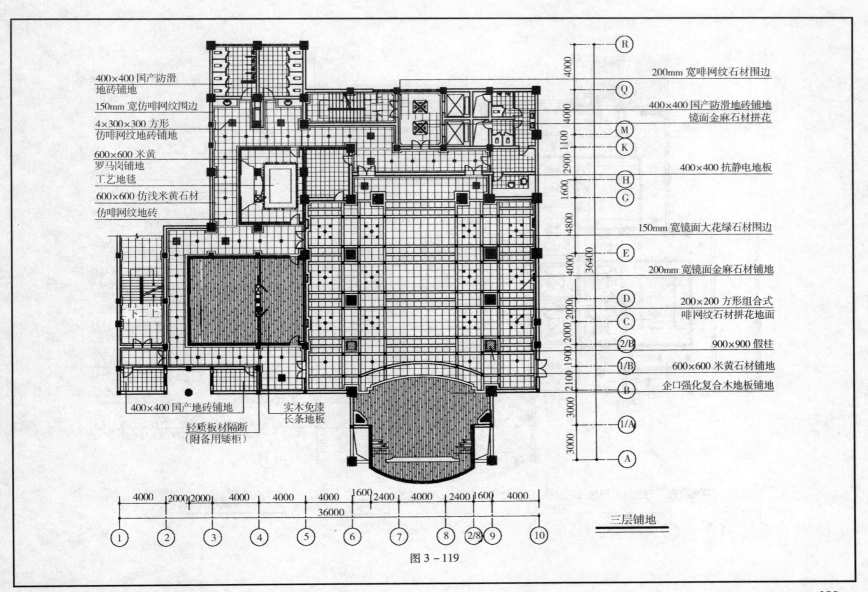

图 3-119 三层铺地

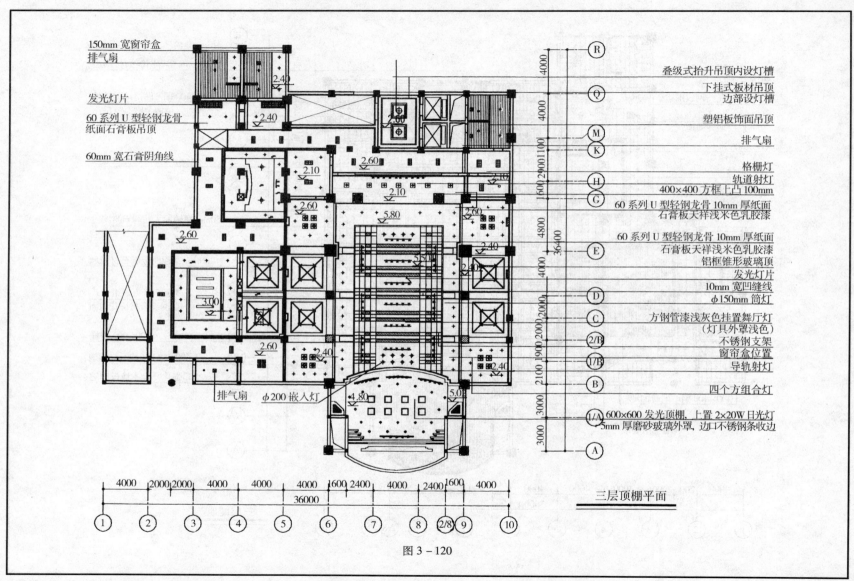

图 3-120

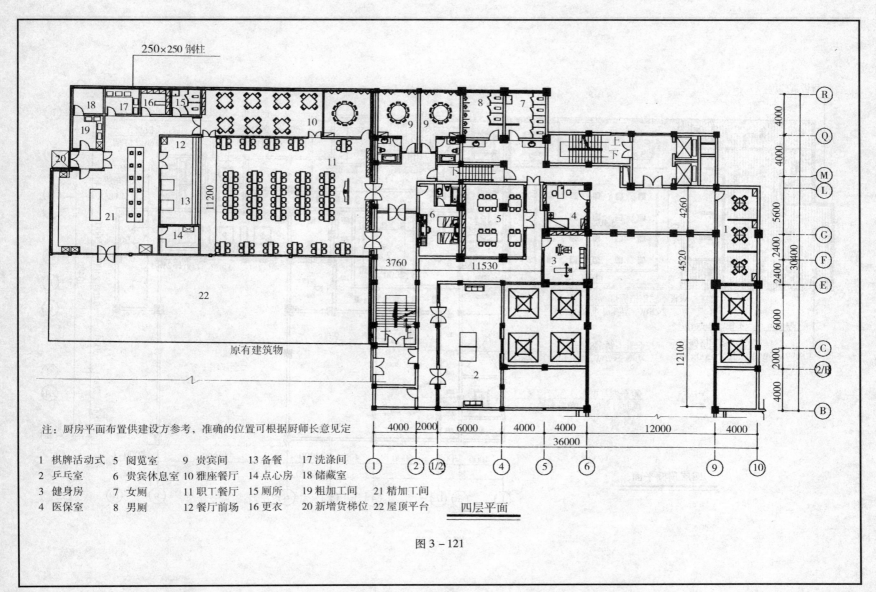

图 3-121

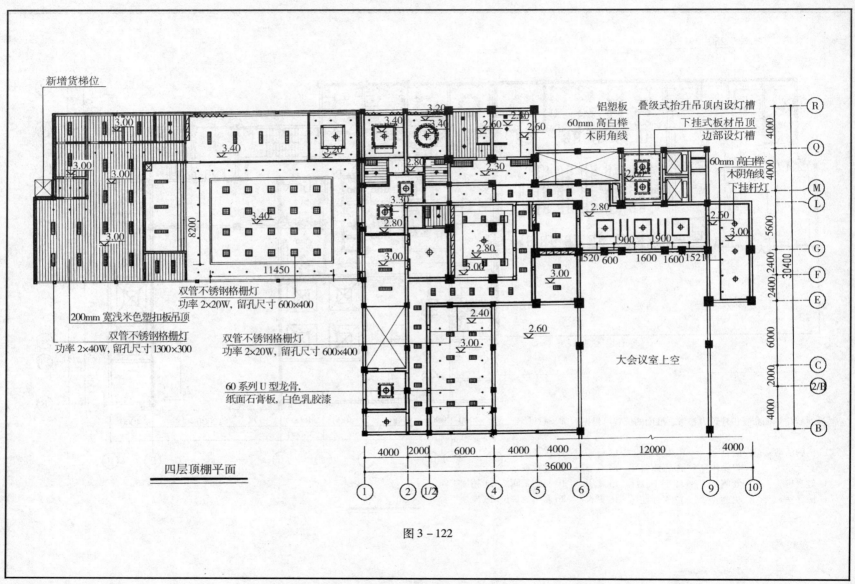

图 3-122

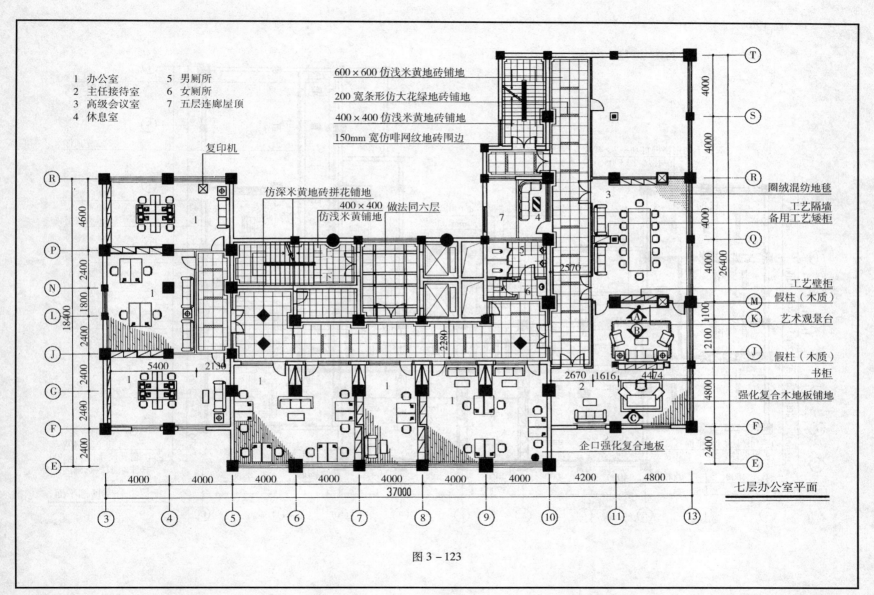

图 3-123　七层办公室平面

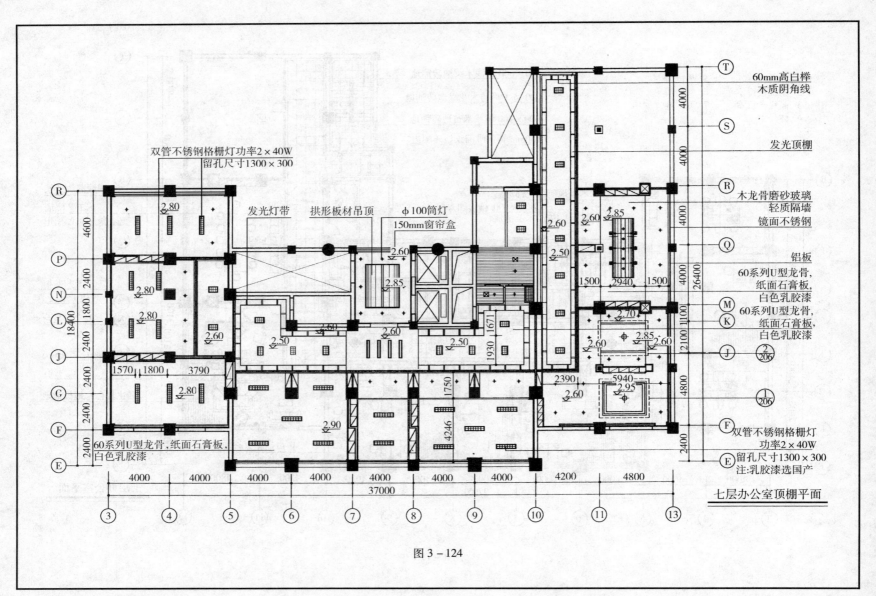

图 3-124

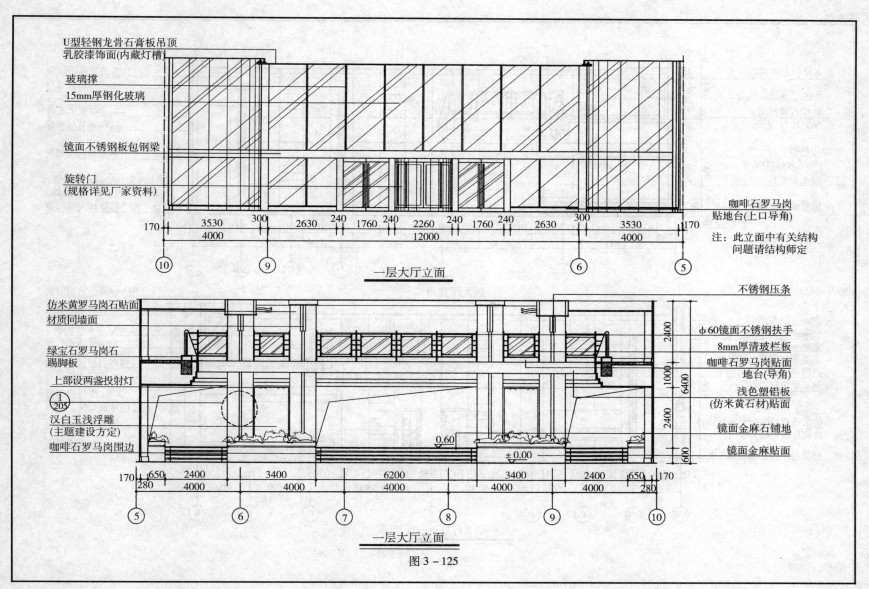

图 3-125

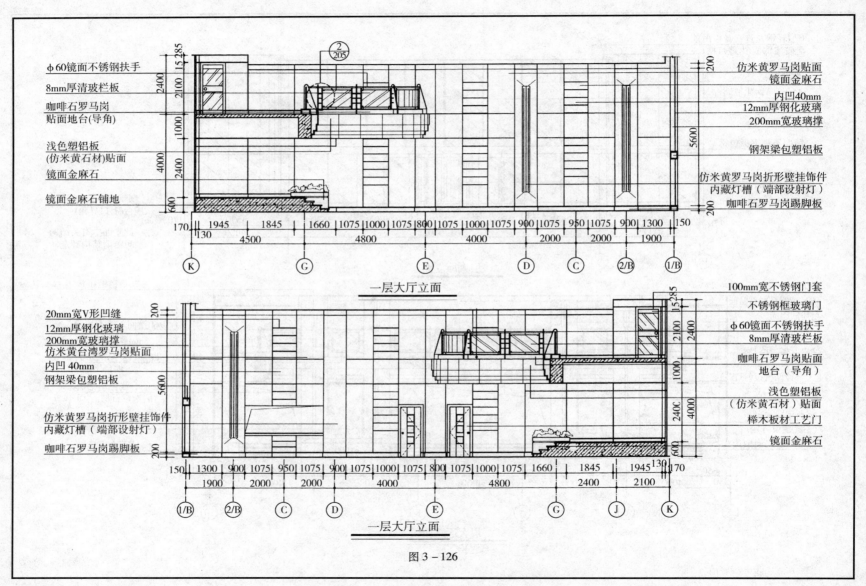

图 3-126

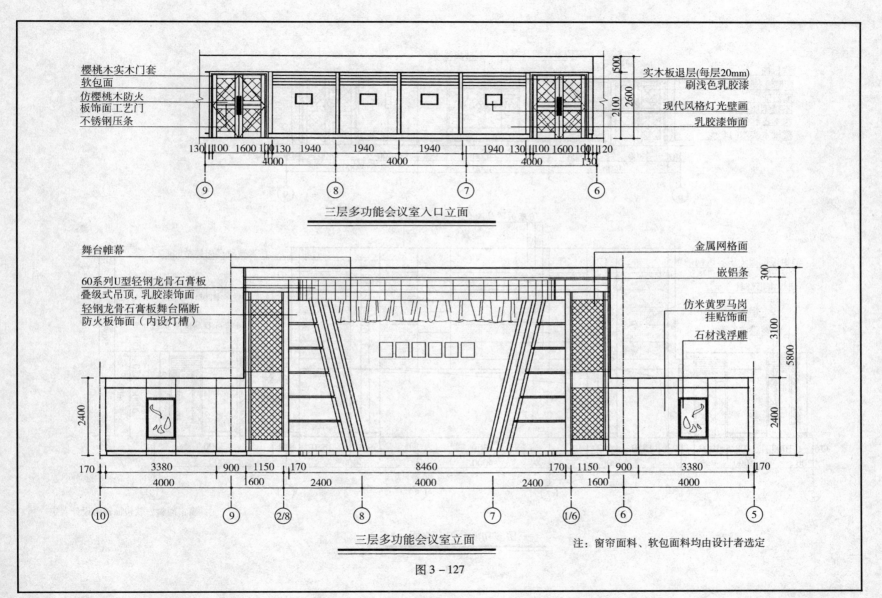

图 3-127

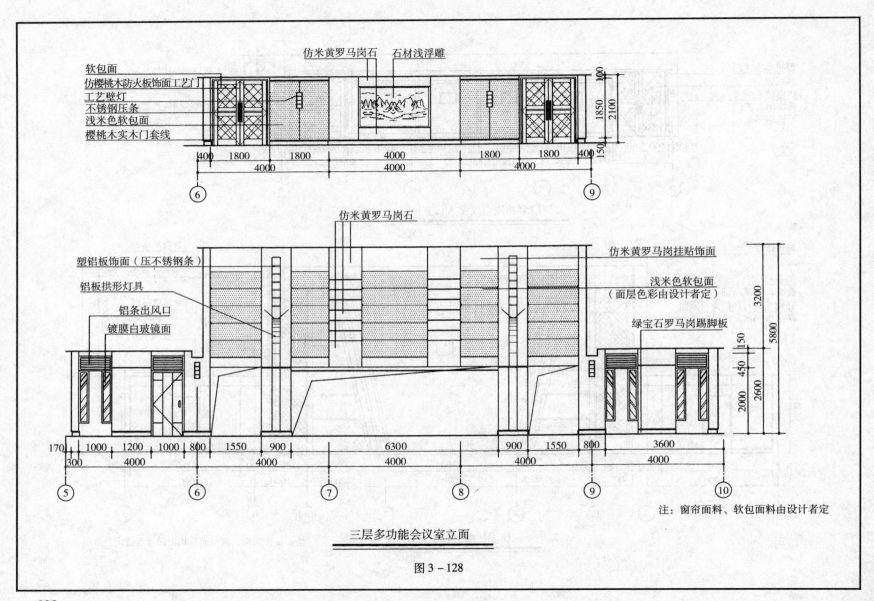

三层多功能会议室立面

图 3-128

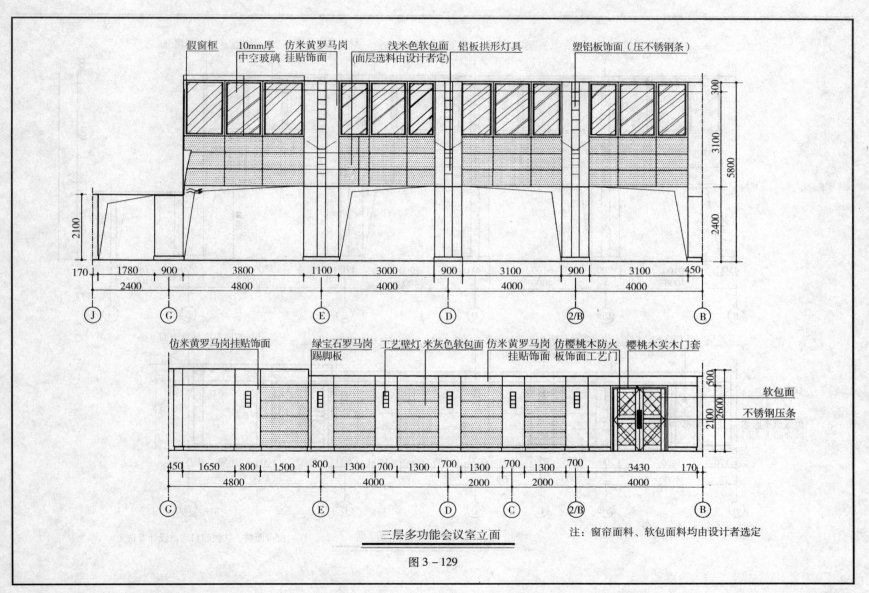

三层多功能会议室立面

图 3-129

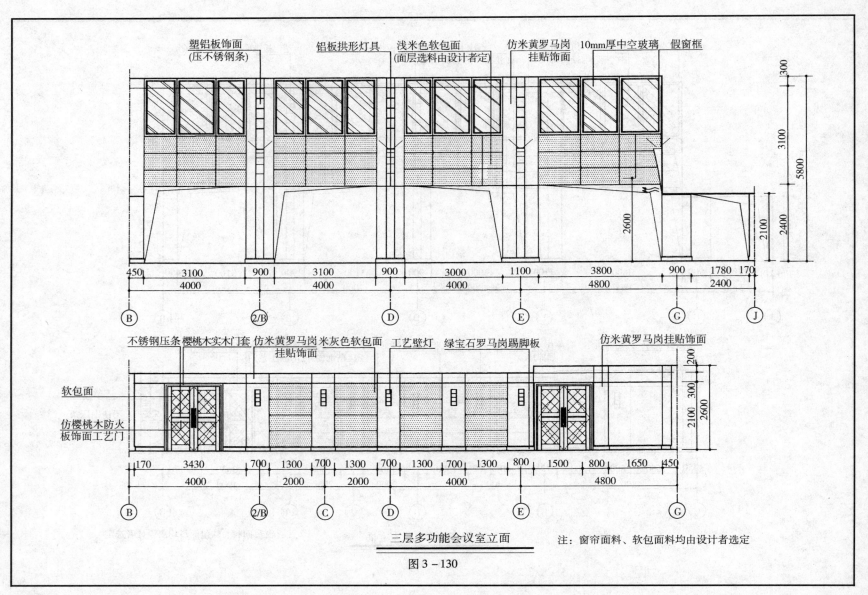

三层多功能会议室立面

注：窗帘面料、软包面料均由设计者选定

图 3-130

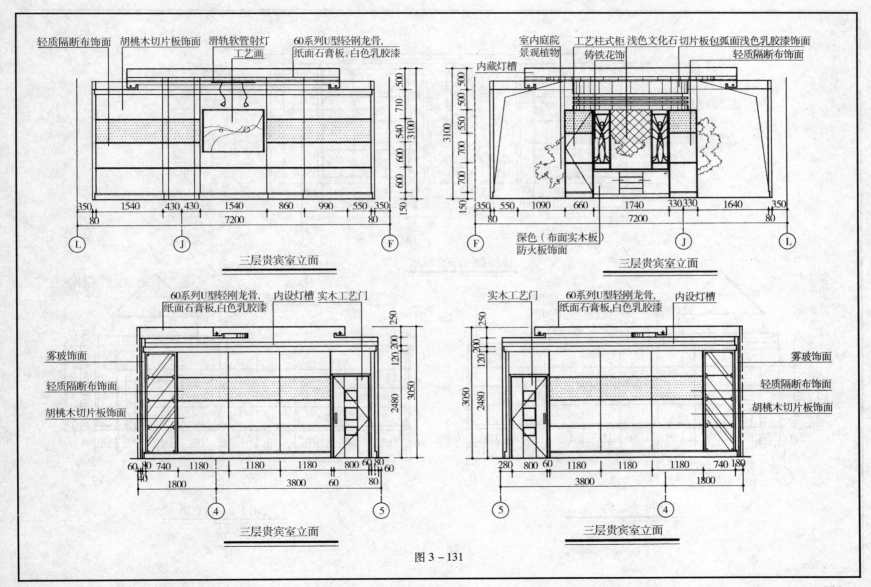

图 3-131

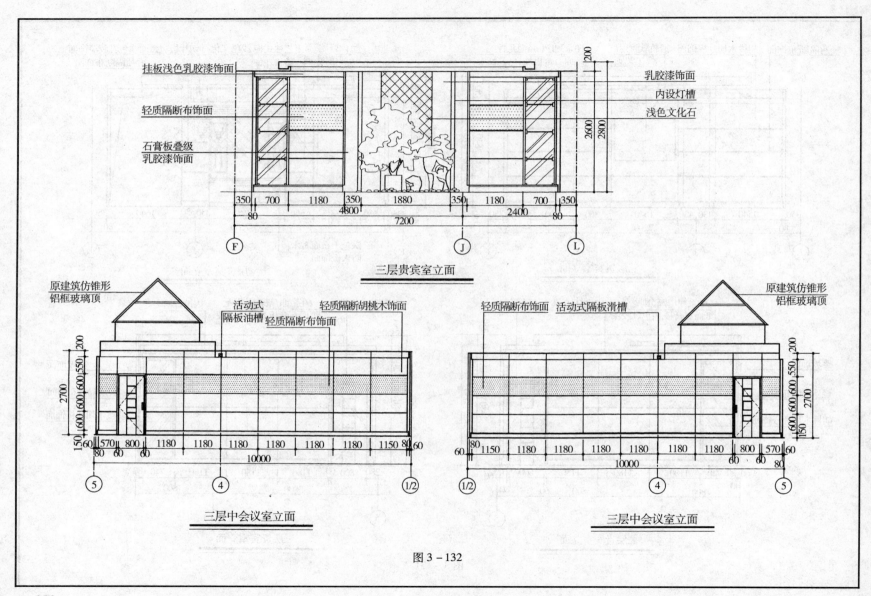

图 3-132

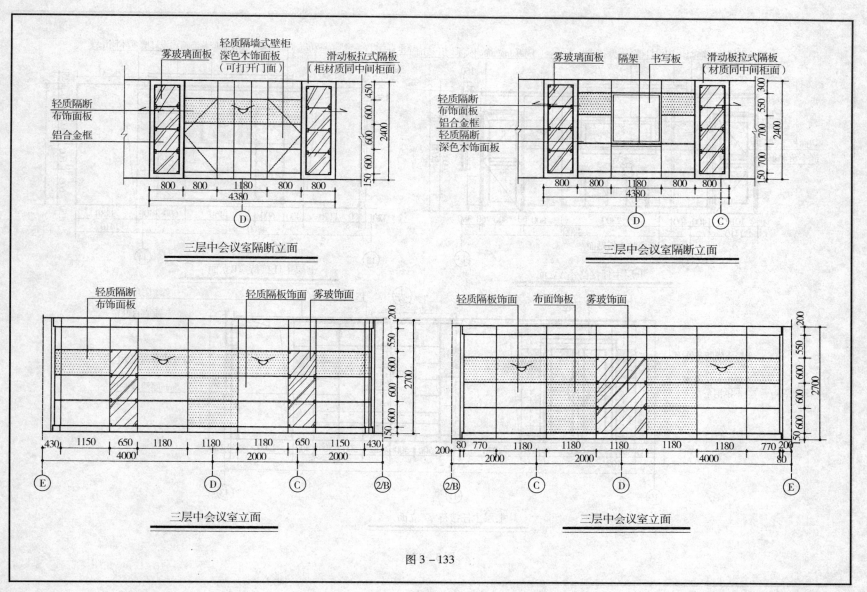

图 3-133

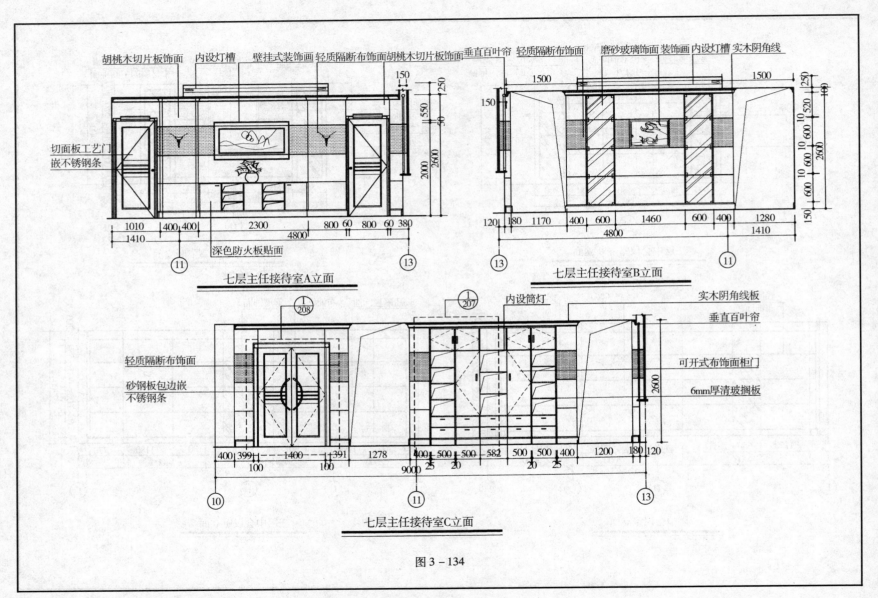

图 3-134

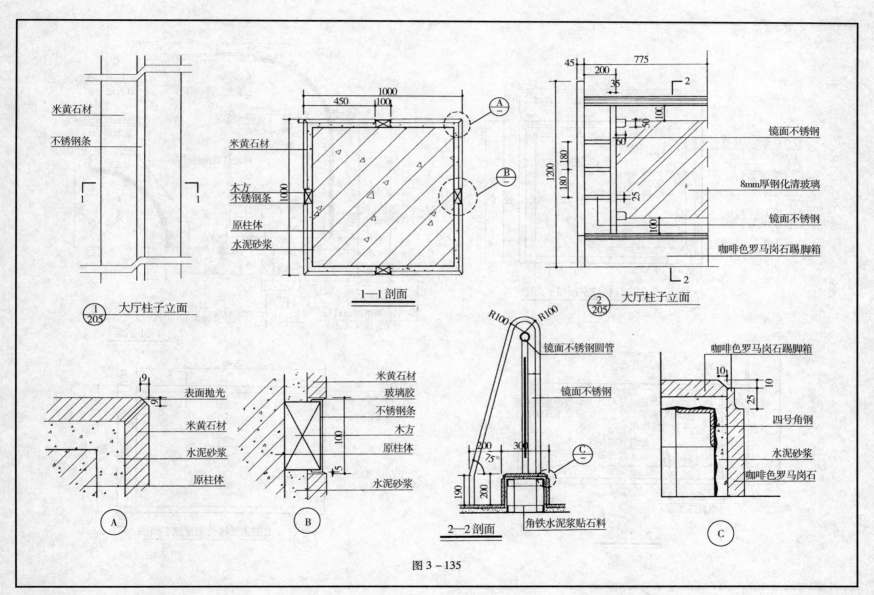

图 3-135

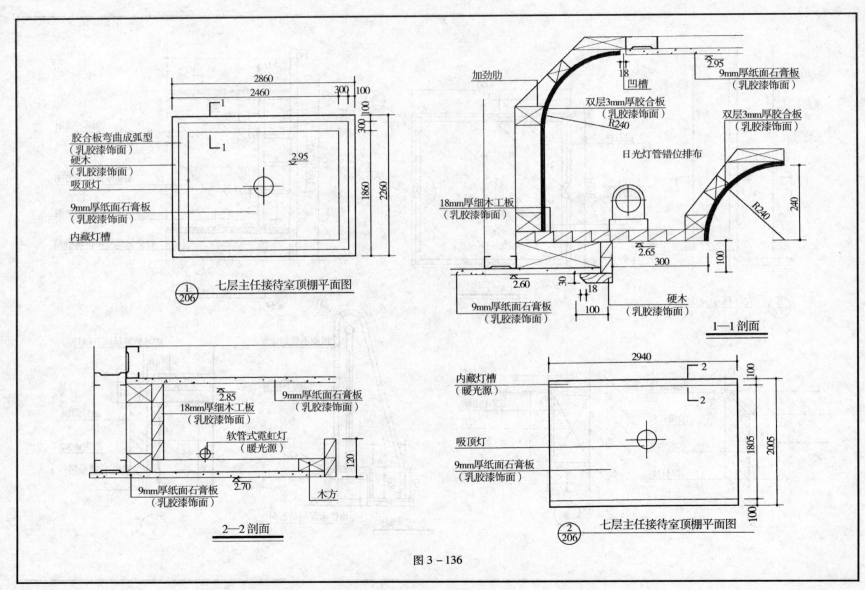

图 3-136

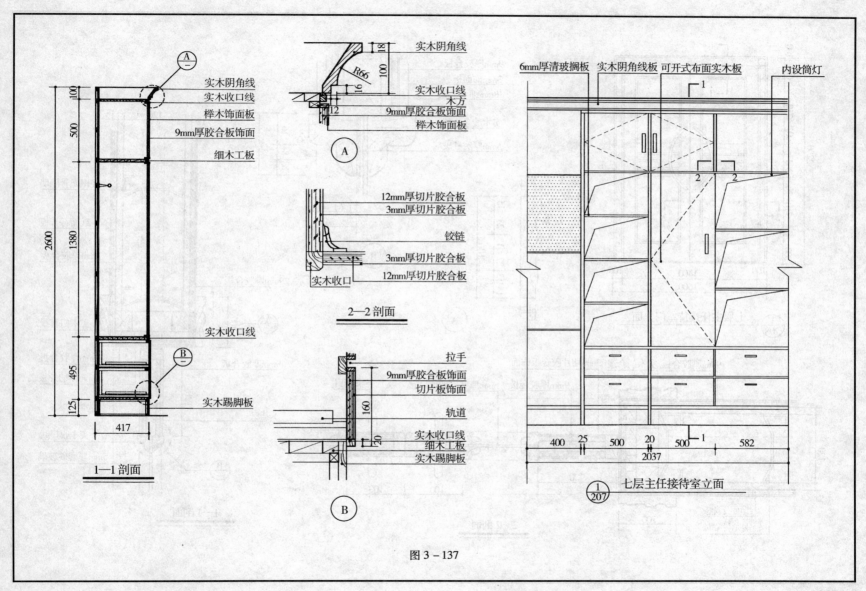

图 3-137

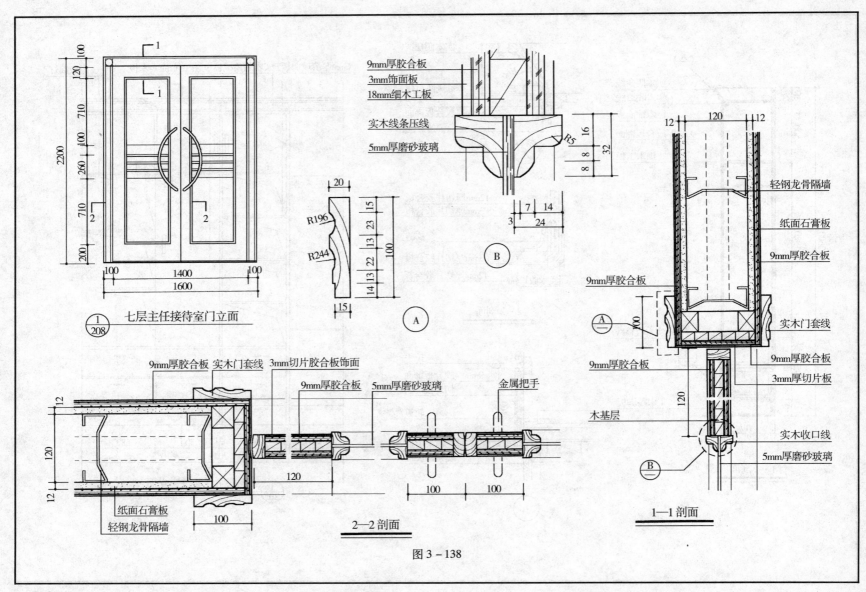

图 3-138

主要参考文献

1 钟训正,孙钟阳,王文卿.建筑制图.南京:东南大学出版社,1990
2 高祥生,韩巍,过伟敏.室内设计师手册.北京:中国建筑工业出版社,2001
3 张绮曼,郑曙阳.室内设计资料集.北京:中国建筑工业出版社,1991
4 陈登鳌.建筑设计资料集.北京:中国建筑工业出版社,1994
5 丁源,姚翔翔.装饰制图与识图.南京:东南大学出版社,2000